KB024842

나도 그 섬에 가고 싶었다

나도 그 섬에 가고 싶었다

지리학자 김만규와 걷는 제주길

초판 1쇄 발행 2024년 6월 20일

지은이 김만규
펴낸이 김선기

펴낸곳 (주)푸른길
출판등록 1996년 4월 12일 제16-1292호
주소 (03877) 서울시 구로구 디지털로 33길 48
대륭포스트타워 7차 1008호
전화 02-523-2907, 6942-9570~2
팩스 02-523-2951
이메일 purungilbook@naver.com
홈페이지 www.purungil.co.kr

ISBN 979-11-7267-002-3 (03980)

나도 그 섬에 가고 싶었다

김만규

지리학자 김만규와 걷는 제주길

프롤로그

"나도 그 섬에 가고 싶었다."

나는 석사과정에서 자연지리학의 한 분야로서 지형학을 향토지리 답사 위주로 배우고 연구했다. 스승인 권혁재 선생님과 오경섭 선생님을 따라 인문지리학과 분리되지 않는, 인간 삶의 무대로서 인문학적 지형학 나아가 인문학적 자연지리학을 탐구했다. 독일에서 박사과정에 입학하던 중 주 전공이 기후변화영향예측모델링과 지리정보체계(GIS) 분야로 바뀌었다. 한국에서 소개받고 지도교수로 염두에 두었던 독일 대학 지형학 교수님이 갑자기 돌아가셨기 때문이다.

교수가 되고 20여 년이 더 흐르는 동안에도 기후 자료 처리와 수문 기후 예측 시뮬레이션 분야를 연구하거나 GIS와 결합한 합성전장(전투현장)환경모델링, 군사정보지리학 분야에서 연구하고 인재를 길러왔다. 주 전공이 바뀌고 30여 년 시간이 흘렀다. 수치모델링이 아니라 흙냄새, 사람 냄새, 바다 냄새와 새 소리, 물소리, 바람 소리가 들리는, 인문과 자연이 어우러진 발로 쓰는 지리학에 대한 향수는 나의 마음 한편에 늘 간직되어 있었다. 5년여 전부터는 사진가 함철훈 선생님 문하에 들어 사진을 해왔다. 이 책에 실은 사진 중에서는 지리사진인 동시에 전시회에 이미 출품했거나 출품할 반추상적 예술작품인 것도 다수 있다.

안식년을 맞아 본토와 다른 별도 공간인 제주로 갔다. 별도 공간은 본토와 가깝지만 따로 위치하고, 본토에 귀속되어 있지만 독립적인 역사와 문화를 가지고 있는 지역이다. 방학 기간을 포함하여 15개월 살았다. 삶과 사역에 지친 내게 별도 공간 제주섬은 이어도적(離於島的) 유토피아를 제공해줄 듯했다. 여기에 더하여 본토와 다른 난대아열대 식생과 화산지형이 자아내는 이국적 자연경관도 지녔다. 2010년 이후 인구가 증가해온 제주는 본토에서 누리기 힘든 대안적인 삶을 찾는 이주자들과 문화예술 활동을 위해 이주한 문화이주자들의 정착지로 발전하고 있었다. '제주이민'으로 표현되는 이런 이주자 증가 외에도, 코로나19 시국을 지나며 '제주 한 달 살기' 열풍도 지속적으로 불고 있었다. 그런 바람에 실려 나도 그 섬에 가고 싶었다. 함께 사진 하는 아내와 둘이서 공천포 바닷가 땅집에 터를 잡았다.

"이 땅의 주인은 이 땅의 아름다움을 본 사람"

위 글귀는 2019년 7월 『사진으로 만나는 인문학』(함철훈, 2013, 교보문고) 책 속지에 사인을 받을 때 저자인 함철훈 선생님이 우리 부부에게 써주신 것이다. 이 땅의 주인은 땅문서를 소유한 사람이 아니고 이 땅의 아름다움을 본 사람이라 하셨다. 사진가인 아내와 함께 제주섬의 흙냄새, 사람 냄새, 바다 냄새와 새소리, 물소리, 바람 소리를 한 장의 사진에 담으며 지리수필을 쓰며 살았다. 나와 아내는 사진을 하기에 맨눈으로는 볼 수 없는 제주섬의 아름다움을 더 보게 되고 탄복하다 마침내 점점 더 제주섬 주인이 되어갔다.

제주에서 아내와 나의 삶은 풍요롭고 즐거웠다. 전공지식 담은 수필을 쓰는 지리수필가인 동시에 세상에 깃든 창조주의 아름다움을 발견한 사진 작품들로 그분을 찬양하고 예배하는 사진가로 살고 싶었다. 그 꿈을 제주섬에서 맛보고 첫 열매로 이 책을 낸다. 제주섬 주인이 되어간 그 풍요와 즐거움을 함께 누리고자 이 책에 담아 세상에 낸다.

추천사

김만규.

그는 부드럽고 예리한 상상력을 함께 갖고 있다. 그리고 그 위에 그의 성실하고 따뜻한 성품이 마침내 학문을 넘어 예술로 그리고 창조주 하나님 마음에 합한 사람을 만들어내고 있음을 그의 작업을 통하여 볼 수 있다.

그의 사진에서도 어두운 방(카메라 옵스쿠라)과 밝은 방(카메라 루시다)들이 두루 보이기 때문이다.

- 미국 캘리포니아 오이코스대학교 대학원 사진예술학과
학장 함철훈

차례

아내와 나의 제주에서 삶은
풍요롭고 즐거웠다.
그 꿈을 제주섬에서 맛보고
첫 열매로 이 책을 낸다.

1.

공천포

공천포 새해 첫 일출과 올레 5코스 바다

교수 안식년에는 제주에서 1년 살고자 2021년 12월 본토에서 이주해 온 동네가 남원읍 신례리 공천포다. 올레 5코스가 지나는 공천포는 개발의 때가 덜 묻어 비교적 제주다운 해안마을이다. 작은 포구가 있고 해안에는 고분여인 현무암 파식대와 몽돌비치가 발달했다. 고분여란 밀물 때는 잠기고 썰물 때는 드러나는 숨바꼭질을 하는 여를 말하는 제주어다.

사진 2는 2022년 늦봄에 찍은 공천포 해변 모습이다. 몽돌비치와 밀물에 잠긴 파식대가 보인다. 찬란한 아침 햇살이 은비늘 바다에 반짝인다. 윤슬이라고도 한다. 멀리 등대가 있는 곳은 위미항이다. 올레길로 위미항에 가다 보면 영화 〈건축학개론〉 촬영지인 카페 '서연의 집'이 나온다. 찾는 분이 여전히 적지 않다. 반대 방향인 사진 3에

사진 1. 새해 첫 아침에 공천포구에서 본 마을과 한라산. 2022년 1월 1일.
사진 2. 공천포 몽돌비치. 멀리 바다로 뻗어나온 곳은 위미항이다. 2022년 5월 27일.

사진 3. 공천포 몽돌비치. 직선상 방파제 뒤로 평평한 지귀도가 보인다. 2022년 5월 27일.
사진 4. 바닷물에 씻기는 공천포 몽돌. 크고 작은 매끈한 조면암 몽돌, 곰보 같은 현무암 몽돌, 용암이 흘러오다 기존 자갈을 머금은 조면포획암 몽돌이 섞였다. 산화 정도에 따라 붉은색을 띤 현무암이 있어 색채적으로도 다양하다. 2022년 5월 27일.

서는 만조 시각이 가까워 직선상인 공천포구 방파제가 거의 물에 잠겼다. 위미항 조위표에 의하면 이 바다는 대조 시에 조차가 6.3m에 이른다. 거의 서해 군산항의 조차다. 제주 모 대학 제빵학과의 젊은 교수님이 주인인 빵집이 있고, 아담한 카페도 있다. 바다 쪽으로 난 포구 앞 작은 음식점 '바당길'은 해물뚝배기 맛집이다. 소문이 났는지 점심때마다 대기 줄이 선다. 마을 사람들은 정겹고 친절하다. 도착한 날 담장을 맞댄 이웃집에 인사하니 "육지에서 먼 길 오셨는데 김치 없지요?" 하며 김장김치를 담뿍 주셨다. 현지인들에게 따돌림당할까 걱정했던 마음이 사라지고 의지할 이웃이 바로 생겼다.

공천포 바닷가에 얻은 집은 마당 있는 단층 구옥(舊屋)이다. 제주 해안마을에서 흔히 보는 여느 현무암 돌집이다. 마당에 서면 포구와 바다가 보인다. 내부는 한지를 바른 나무 문짝들과 오래된 대청마루가 멋진 한옥이다. 집은 아담한데 대지면적은 상당하다. 대략 200평 된다. 앞마당뿐만 아니라 하귤나무와 감나무가 자라는 후원도 있다. 울담가에 심긴 동백나무 몇 그루에서는 입주할 때부터 동백꽃이 활짝 피었다. 몇 달 동안 사람이 살지 않은 빈집이었다. 여기저기 소소히 손보고 구석구석 청소하다 보니 시간이 빠르게 지났다. 보름 지나서야 내 집처럼 아늑하고 편안해졌다. 이웃과 반갑게 인사하고 지낸다. 나는 서서히 공천포 사람이 되어갔다. 멀리 가지 않고 대문 열고 나오면 포구고 바닷가니 일출 보기가 너무 좋다. 아내는 아침이면 가끔 나를 꼬드겨 커피잔 들고 집 앞 포구 벤치로 걸어가 앉아 있길 좋아했다. 내가 안 따라가면 혼자 가기도 한다.

사진 5. 별이 쏟아지는 공천포 집 마당. 2023년 3월 1일.

구름 없는 밤이면 밤마다 별이 쏟아지는 공천포다. 저녁상 치우면 우리 부부는 집에서 1km인 해안 용천수가 샘솟는 넙빌레까지 산책하곤 했다. 내가 아는 별자리인 오리온이 겨울밤 산책에 함께해서 너무 좋다. 오리온은 이른 밤 공천포 바다 동쪽 수평선 위로 나타나서 자정 무렵에 우리 집 서편 울담가 동백나무 뒤로 넘어간다(사진 5).

유학 시절이건 아니건 이제껏 본토에서 살 때는 영원히 안 죽을 것처럼 가능한 아름답고 좋은 것 여러 가지를 집 안에 들였다. 여기서는 1년 살고선 버리고 떠나야 한다. 아내와 사는 데 필요한 최소한의 가구와 가전제품 몇 개만 들였다. 저절로 최소생활(미니멀라이프)을 추구하게 된다. 책상과 의자는 인터넷에 나온 상품 중 서랍 없는 가장 저렴한 것으로 샀다. 써보니 좋다. 집필에 전혀 문제 없다.

어느덧 그새 보름을 살고 공천포에서 새해를 맞이했다. 2022년 새해 첫날 새벽 집 앞 공천포구 방파제에서 첫 일출을 바라보았다. 이제 시작이다. 제주에서의 남은 날 동안 귀하고 아름다운 것들 많이 보고 수필 쓰며 사진 작품들 만들어가길 소망했다. 미혼인 자식들을 떼어놓고 제주 1년 여행에 동행해준 아내가 정말 고맙다.

새해 첫날, 아침부터 많은 사람이 대문 앞 올레길을 오간다. 서너 명의 친구들끼리, 연인들이, 어린이를 동반한 가족들 또는 홀로 걷는 사람들이 지나친다. 보는 나도 걷는 그들처럼 거저 기분이 좋아진다. 제주 올레 5코스는 남원항에서 시작해서 공천포 우리 집 대문 앞을 지나 명승지 쇠소깍까지 걷는 길이다. 집 앞 공천포에서 쇠소깍 사이의 구간은 우리 걸음으로 40분쯤 소요된다. 공천포에서 망장포 지나

사진 6. 초겨울에 꽃이 피는 울담가 애기동백나무. 세찬 바람에도 햇살이 내린다.

예촌망오름까지 해변 길은 아름다우면서 평탄해 걷기에 참 좋다. 예촌망오름부터 쇠소깍 가는 길 주변은 감귤밭이다. 제주 그 어디나 좋겠지만 공천포 근처에 아름다운 것이 많다.

오후에는 아내 제안으로 우리도 올레길로 나섰다. 내 안식년 피난처, 나의 유토피아인 제주섬에 온 지 보름 만의 공천포 밖으로의 첫 외출이자 새해 첫날의 나들이였다. 동네 주변도 구경할 겸해서 같은 남원읍이며 올레 5코스 구간인 금호리조트 큰엉 절벽에서 태웃개 구간을 걸었다. 십여 년 전 결혼기념 여행으로 이곳에 왔을 때 우리는 금호리조트 앞 큰엉 절벽에서 아름다운 석양을 즐겼다. 새해 첫날 일출을 보았으니 첫 낙조도 보고 싶어 큰엉에 간 것이다. 태웃개 해안 절벽 아래로 파도에 씻긴 몽돌과 바위들이 뒤엉킨 거친 파식대를 지날 땐 좀 위험했다. 나중에 알고 보니 절벽 위로 지나는 편한 올레길도 있었다.

태웃개 해안에서 사진 하며 바다를 즐겼다. 구름 사이로 내리는 햇살이 늦은 오후 서귀포 바다와 하늘을 아름답게 만들고 있었다. 토브(טוב)는 '선하다, 좋다'라는 뜻을 가진 히브리 말이다. 창조주께서 만물을 창조하시고 '좋았더라'라고 말씀하실 때 쓰인 말이란다. 그분께서 만드시고 보시기에도 좋으셨던 그 빛이 바다 한가운데로 쏟아졌다. 새해 첫날에 떠오른 태양은 어느덧 1시간 후면 서녘 수평선 너머로 지려 한다. 햇살은 가끔은 저렇게 서귀포 바다를 은비늘 금비늘 바다로 만든다.

사진 하다 보니까 섶섬이 보이는 서녘 수평선 하늘로 구름이 더 많

사진 7. 공천포 바다의 2022년 새해 첫 일출. 2022년 1월 1일.

사진 8. 올레 5코스 남원읍 태웃개 해안에서 본 서귀포 은비늘 금비늘 바다. 하늘과 구름과 바다 색채가 다채롭다. 오른쪽 바다 멀리 이중섭 그림 소재로도 유명한, 서귀포 시가지 앞 섶섬이 보인다. 2022년 1월 1일.

아졌다. 새해 첫 낙조는 볼 수 없었다. 해지기 전에 큰엉에서 가까운 공천포 집으로 돌아왔다. 오늘 원한 것 다 얻지 못했어도 이만하면 내 잔이 족하고 넘친다.

텃밭과 동백꽃 대궐집

2022년 10월 하순, 바다가 보이는 공천포 집 마당에 작은 텃밭을 만들었다. 서귀포 오일장에서 배추, 상추, 쑥갓 모종을 사다 심었다. 숯불구이할 때 둘이 넉넉히 먹기 좋은 만큼 심었다. 올해 서귀포는 가을 내내 가뭄이다. 비에 관심이 더 생긴다. 아침에 물을 줄지 말지 결정해야 한다. 하루는 텃밭에 물을 주고 나서 울타리 동백나무들에도 주었다. 동백나무 잎사귀들이 말라 보였다.

보통 동백꽃은 싱싱할 때 송이째로 후드득 떨어진다. 제주인들은 동백나무를 집 안에 심지 않았다. 이 나무를 울타리 안에 심으면 한창 예쁠 때 뚝뚝 떨어지는 동백꽃처럼 집안이 한 번에 망한다는 속설이 있어서다. 그런데 이 집 울타리 안에는 동백나무 21그루가 있다. 수령은 족히 수십 년 넘어 보이는 큰 나무들이다. 오래전 본토에서 온

사진 1. 앞마당에 일군 텃밭. 2022년 10월 29일.

집주인이 심은 게 분명하다. 꽃잎으로 날려 떨어지는 애기동백꽃을 내는 나무가 있고, 송이째 뚝 떨어지는 꽃을 내는 동백나무도 여러 종류로 있다. 색상도 다양하다. 빨간 동백꽃, 백공작 하얀 동백꽃, 핑크로즈동백이란 이름을 갖는 진짜 장미처럼 보이는 연분홍 동백꽃, 진분홍 애기동백꽃, 카네이션 모양 동백꽃 등등 8가지 동백나무가 자란다. 특별히 11월 중순부터 하얀 동백꽃을 피워낼 대문 쪽 백공작 동백나무가 채소처럼 신경 쓰인다. 작년 12월 중순 이 집에 들어설 때 우리를 반겨주던 꽃나무다. 동백꽃이란 서천 마량포구나 선운사 동백꽃처럼 그저 송이째 뚝뚝 떨어지는 줄만 알았었다. 하얀 동백이 있는 줄, 그리고 꽃잎을 날리는 동백도 있는 줄 미처 몰랐다. 긴 가을 가뭄을 견딘 2022년 11월 중순 기다리던 백공작 동백꽃이 다시 피었다. 백공작 동백꽃 작품이 나왔다(사진 2). 나의 동백꽃 작품 여럿 중에 아내는 이것을 제일 좋아한다.

백공작 피고 보름 지난 12월 초순에는 그 오른쪽 애기동백나무도 진분홍 꽃을 피워냈다(사진 4). 화사하다. 아내와 함께 집 마당에서 사진을 했다. 같은 곳에서 같은 시간에 같은 기종 카메라로 같은 대상을 가지고 작업하지만, 우리 둘의 작품은 천차만별이다. 사람은 본능적으로 자기 안에 내재한 DNA에 따라 자기만의 아름다움을 찾아 앵글을 갖다 댄다고 한다. 이를 우리들의 스승이신 사진가 함철훈 선생님은 '본능에 가까운 초의식의 상태'라 하셨다. 이번에는 아내가 참 아름다운 작품을 얻었다. 찬란한 다이아몬드보다 아름답고 영롱한 물방울 머금은 애기동백꽃을 담은 작품이었다. "진짜 고수는 자기 집

사진 2. 백공작 동백꽃.

사진 3. 바람 불면 대문가에 심긴 백공작 동백나무는 춤을 춘다. 2022년 11월 18일.
사진 4. 백공작 피고 보름 지난 12월 초순에는 백공작 오른쪽 애기동백나무도 진분홍 꽃을 피워냈다. 2022년 12월 6일.

앞마당에서 작품 하는 사람이다. 남들 다니는 유명 출사지 찾아 누구나 비슷한 뻔한 사진 하러 다니는 것은 바람직하지 않다." 함철훈 선생님의 수업 중 말씀이다. 함께 사진 하는 아내는 나보다 훨씬 앞서 선생님을 뒤쫓는다. 그렇지만 어느 날에는 나만 작품을 얻기도 한다.

2021년 12월 31일 오후, 안마당 울담가 애기동백나무에 바람은 세찬데 빛은 여전히 쏟아진다(사진 5). 2021년이 저무는 마지막 날이다. 내 한 해의 전체 흔적을 이 한 장의 스틸사진에 압축해서 보는 듯하다. 이 해에 내 일생에 어처구니없는, 난 도무지 이해할 수 없는 어떤 풍파가 있었다. 내 삶과 비전에서 방향 전환이 일어났다. 그런 가운데 그분의 임재와 인도하심으로 제주에 왔다. 이 작품을 보면 '지나간 것은 지나간 대로 두라'는 영어 속담이 생각난다. 저 햇살처럼 그분은 여전히 나에게 생명의 빛을 비추시고 있기에 내가 흔들려서 더 아름다워질 수 있다면 그것으로 감사하다.

지난 2021년 12월 하순이었다. 백공작에 이어 대문가 진분홍 애기동백나무 동백꽃마저 시들해지니 안마당 울담가 나무에서 새빨간 애기동백꽃들이 피어났다. 모양은 같은데 색이 다르다. 동백이 다시 피기까지 한 해를 마냥 기다리지 않아도 되는 집이다. 종류별로 시차를 두고 피어난다. 화사함을 너머 찬란한 애기동백나무가 여러 그루 있었다. 한겨울 내내 마당에 눈이 여러 차례 내렸다. 눈 속 빨강 동백꽃은 색상 대비로 더 아름답다. 시간은 흐르고 안마당 울담가 애기동백나무도 차차 꽃잎들을 떨구었다. 떨어지는 꽃잎들로 땅은 붉게 물든다. 붉게 물든 땅과 그 앞 푸른 풀의 색상 대비가 인상적이다(사진 7).

사진 5. 내게 주신 2021년 마지막 작품 「빛 머무는 동백에 흐르는 바람」.
사진 6. 마당 동백나무 설경. 눈 속의 붉은 동백꽃이 아름답다. 2021년 12월 26일.

사진 7. 안마당 울담가 빨강 꽃을 피우는 애기동백나무. 떨어지는 꽃잎들로 땅은 붉게 물든다. 2022년 1월 25일.

남원읍에는 한겨울에도, 눈이 내려도 풀이 자란다.

1월 중순, 사진 7에 나온 애기동백꽃이 다 떨어지기 전이다. 그 옆 나무가 큼지막한 동백꽃을 피웠다(사진 8, 9). 어른 주먹보다 큰 꽃이다. 새벽부터 녹색 깃털을 가진 동박새가 쉴 새 없이 날아와 꿀을 빨았다. 아침마다 지저귀는 새소리에 잠을 깼다. 동백꽃은 꿀이 없어 화려한 색으로 새를 유인해 꽃가루를 수정한다더니 이 큼지막한 동백꽃에는 꿀이 있다. 어른 주먹만 한 작은 동박새가 발톱으로 꽃잎을 움켜잡고 꿀을 빨 정도로 꽃이 크다. 꽃잎이 성한 꽃은 볼 수가 없었다. 바람 불면 송이째로 우수수 떨어지는 꽃이었다(사진 10).

역시 1월부터 핀, 저 송이째 떨어지는 붉은 동백꽃이 사라지기 전이다. 그 오른쪽 맞닿은 나무에서 2월부터 장미 모양 진분홍색 동백꽃을 무성히 피워냈다(사진 11). 서천 마량포구나 고창 선운사에서 본 보통 동백꽃도 이 시기에 피워냈다. 이처럼 공천포 집 울타리에는 본토에서 흔히 볼 수 있는 일반적인 동백나무도 몇 그루 있다. 이런저런 동백나무를 이 집에 심은 분은 동백나무 박사가 틀림없다. 어쩌면 이리 단절 없이 교대하며 꽃을 피워내도록 심었을까 심히 감사하다.

공천포 꽃대궐에 시간은 흘러 붉은 애기동백꽃과 본토에서 흔히 보는 그런 동백꽃이 모두 다 떨어진 4월 중순 고난주간 금요일 밤이었다. 강한 바람 소리에 마당에 나가 보았다. 공천포 푸른 밤에 세찬 바람에 흔들리는 장미 닮은 진분홍 동백꽃 나무와 별들을 바라보니 아름다워 눈물이 난다(사진 12). 남서쪽 하늘에 목성이 밝게 빛나는 모습을 동백과 함께 담았다. 나무 밑에는 떨어져 말라가는 꽃송이들

사진 8. 동박새 발톱에 상처 난 붉은 동백꽃. 2022년 1월 18일.

사진 9. 12월에 꽃피운 안마당 울담가 애기동백나무에 이어서 1월부터는 그 오른쪽 나무에서 송이째 떨어지는 붉은 동백꽃이 피었다. 2022년 1월 19일.

사진 10. 송이째 뚝 떨어진 붉은 동백꽃. 2022년 1월 18일.

사진 11. 2월부터 4월까지 피는 장미 닮은 진분홍 동백꽃. 2022년 3월 31일.

사진 12. 고난주간 제주도 푸른 밤에 흔들리는 진분홍 꽃 동백나무. 2022년 4월 15일.

이 수북했다.

33살 나이에 우리 죄 위하여 십자가 지신 예수님을 뚝 떨어진 동백꽃에 견준 CBS <세상을 바꾸는 시간 15분> 강연프로그램에서의 사진가 함철훈 선생님 이야기가 생각나던 밤이었다. 고난당하고 부활하신 예수님 은혜가 우리 모두에게 임하시길 기도했다.

마당 넓은 이 집에는 후원이 있다. 그쪽에도 동백나무가 있다. 알고 보니 앞마당에는 없는 종류였다. 3월부터 꽃을 내었어도 설마 저것이 또 다르랴 싶어서 유심히 관찰하지 않았다. 4월에 후원에서 자세히 보니까 공천포에서 멀지 않은 동백마을인 남원읍 신흥리를 관통하는 도로변 가로수 동백꽃과 똑 닮았다(사진 13). 카네이션 닮은 동백꽃이다.

마지막으로 3월 중순부터 5월까지는 이 집 동백 중에서 내가 가장 예뻐하는 핑크로즈 동백꽃이 피어난다. 사랑방 처마 옆에 심은 동백나무에서 핀다(사진 14, 15). 수십 년 전 이 집에 동백나무들을 심은 분도 이 핑크로즈 동백꽃을 가장 좋아했을 것 같다. 창문 열면 가까이 바로 보이도록 사랑방 처마 곁에 심었던 것이 아닐까 한다.

이런 다양한 동백꽃이 여러 종류의 동백나무에서 연달아 핀다는 정보를 알고 이 집에 온 것은 아니다. 겨울이 지나고 봄이 가는 동안 새로운 종류의 동백꽃이 필 때마다 신기하고 즐거웠다. 울긋불긋 꽃대궐 차린 공천포 집이다. 겨울 지나고 봄이 오는 것은 아니었다. 이 집에는 백공작 동백꽃이 피어나는 11월 말부터 이미 봄이 와 있었다. 아름다운 이 집에서 살게 되어 얼마나 감사한지 모르겠다.

사진 13. 후원에 핀 카네이션 닮은 동백꽃. 2022년 4월 18일. 위
사진 14. 사랑방 처마 옆 동백나무에 핀 핑크로즈 동백꽃. 2022년 3월 31일. 아래 왼쪽
사진 15. 사랑방 처마 곁 동백나무에 핀 핑크로즈 동백꽃. 2022년 4월 13일. 아래 오른쪽

공천포 집 후원의 하귤을 수확하며

2021년 12월 중순이다. 서귀포시 남원읍 신례리 공천포에 얻은 집에 도착하니 뜻밖에 후원도 있었다. 후원에는 작지 않은 어떤 귤나무 2그루에 큰 귤들이 주렁주렁 매달려있었다. 하얀 눈이 소복소복 내리던 겨울날에도 붉은 동백꽃과 더불어서 큼지막한 노란 것들이 후원을 아름답게 하였다. 이 집뿐 아니다. 조금 살아보니 이 귤나무는 공천포구를 지나는 올레 5코스(남원항~쇠소깍다리) 길가의 여느 집 울담가에서도 흔히 보였다. 그러니까 그냥 서귀포 풍경이다. 보통 12월부터 본격적으로 출하되는 노지 밀감을 직판매하는 길가 과수원이나 마트에서는 저런 귤은 팔지 않았다. 본토에서도 구경해본 적이 없다. '먹는 귤은 아닐 것이고, 한겨울에 이미 노랗게 익은 것이 아름다우니 관상용 귤이구나.' 하고 나는 지레짐작했다. '일주동로' 쇠소깍 교차로부터 남원읍 중심지 남원교차로 구간에 이 하귤나무는 아예 가로수로 심겨있다. 516도로에서 서귀포 시가지로 진입하는 구간 등 여러 도로변도 그렇다. 몇 달간 가로수 귤들을 유심히 보아도 누가 따먹지 않는다. 늘 그냥 그렇게 주렁주렁 있다. 야구공보다는 크고 핸드볼공보다는 작은 큼지막한 것이 봄이 가도 나무에 가득 매달려 있다. '귤이 흔한 동네니까, 먹지는 못해도 남원읍 가로수로는 제격이구나.'라고 여겼다.

먹는 귤이었다. 3월에, 동네 사람에게 들었다. 먹는 귤이란다. 초가을에 열매로 열리는 것이 겨울에 익어가고 여름에 먹는다 하여 '하귤'이라 한단다. 이름은 여름 귤, 하귤이지만 7월까지는 아니고 5월에 따먹으란다. 가능하면 2년이나 3년 차 하귤을 골라서 따먹으면 더 맛있다는 이야기도 들었다. 하귤도 더덕처럼 묵은 것이 맛있나 보다. 후원 하귤 2그루에 달린 것을 세어보니 잘 익은 것으로 100개쯤 된다.

겨울은커녕 하귤에 대해 글을 써야겠다고 마음먹은 며칠 전이라도 사진을 찍어둘 것을, 그랬다. 어제서야 가로수로 가꾼 하귤나무에 주렁주렁 달린 하귤 사진이 필요할 성싶어서 공천포를 지나는 해안가 4차선 순환도로인 '일주동로'로 나갔다. 맙소사! 며칠 만에 하귤 가로수에 매달렸던 하귤은 모조리 사라졌다. 누가 따간 것일까? 이제 보니까, 하귤 가로수에 하귤이 매달려있는 한겨울에 찍어놓은 사진 한 장이 없다. 후회가 많이 된다. 이방인에게는 이색적이지만 하귤 가로수가 어느덧 내게도 늘 보이는 익숙한 풍경이었나 보다. 다시 겨울이 오면 그때는 열심히 찍어 기록해두어야겠다.

사진 1. 공천포 집에 도착한 겨울날, 이미 큼지막이 달린 후원 하귤. 2021년 12월 17일.

사진 2. 남원 일주동로 하귤 가로수 길 안내 비석 부근. 하귤나무 가로수 하귤이 하루 이틀 사이 모조리 사라졌다. 2022년 5월 26일.

대학 시절 은사님과 일화가 생각난다. 지리수필 사진집 『남기고 싶은 지리 사진들』(2007, 법문사)의 저자인 고려대학교 지리교육과 명예교수 권혁재 선생님을 모시고 지리답사 하던 수년 전이다. '한국의 나무들과 지형'에 대해 말씀하시던 중, 선생님께서 일생 그렇게 많이 기록한 사진 중에 '민둥산' 사진이 단 한 장도 없다며 한탄하신 일이 있었다. 민둥산이란 산에 나무 하나 없는 벌거숭이산을 말한다. 집마다 땔감으로 나무를 쓰던 어린 시절인 1950년대부터 교수가 되신 1970년대까지 산에 나무가 없는 것은 너무나 당연해서 당신께서는 사진 찍을 생각을 못 하셨단다. 새마을운동으로 농촌주택 개량사업이 시작되고 농촌에 연탄이 연료로 공급되면서, 1980년대 이후로 산에 나무가 우거져왔다고 알려주셨다. 산림청에서 열심히 산에 나무를 심고 가꾸어 온 일과 더불어서 그리된 것이란다. 선생님은 "산림청의 노력보다 오히려 농촌에 연탄이 보급된 게 더 크게 산림녹화에 이바지한 것이 아닌가 생각한다."라고 하셨다. 밥해 먹고 난방하기 위해 산에 가서 나무 벨 일이 없어졌으니까 말이다. 어찌 되었건, 제자들은 "눈에 익은 것이라도 그 지방에서 대표적인 것이라면, 지리학자로서 사진과 글로 기록해두어야 한다."라고 일러주셨다. 배우고도 바보처럼 나도 선생님의 실수를 반복했다.

제주에 하귤이 온 것은 120여 년 전 대한제국 광무 황제 시절이다. 사람들은 관습적으로 고종 황제로 칭하지만, 이때는 대한제국을 선포했기에 왕의 이름 '고종'이 아니라 천자의 이름인 광무 황제라 불러야 맞을 것이다. 효종 9년(1658) 이후 구한말(1895)까지 말을 기르던 관리인 감목관은 경주 김씨가 세습했는데, 이의 폐지를 위해 상경한 김병호 옹에게 총리대신 김홍집이 하귤 씨 3개를 선물로 주었다. 사진 3 중앙의 하귤 달린 나무가 김홍집에게서 선물 받은 씨앗으로 키운 나무다. 2010년 고사하던 이 나무의 등걸 밑동 아래 뿌리에서 새순이 돋았다. 2017년에 감귤박물관에 기증되어 현재 모습에 이르렀다. 2020년에 이 수령 128년 된 최고령 하귤나무 부목(아버지 나무)과 그 근처에 심긴 100년생 하귤나무 자목(아들 나무)은 '제주특별자치도 향토유산'으로 등록되었다.

서귀포에서도 시골에 있는 감귤박물관에서 볼 것이 뭐 있을까? 감귤박물관은 가끔 이용하는 빨래방 윗동네에 있었다. "나사렛에서 무슨 선한 것이 날 수 있느냐(요 1:46)." 가난한 자들만 사는 곳, 아주 볼품없는 자들만 사는 그곳에서 '선한 것이 나올 수 없다'라고 나다나엘이라는 사람이 예수님 이야기를 전하는 빌립에게 한 말이다. 나다나엘의 선입견처럼 나도 건조기에 빨래를 넣어두고 기다릴 시간에나 한번 다녀올까 일부러 갈 생각은 없었다.

4월 어느 날 드디어 빨래를 건조기에 넣어두고서 잠시 들렀는데, 동네 근처 시골에 있다고 무시한 것을 반성하지 않을 수 없었다. 예수님에 비할 것은 아니지만, 위에 언급한 100년 넘은 하귤나무 이야기뿐만 아니라 보고 배울 것이 많았다. 제주 토양 단면도(사진 4)가 그렇고, 1911년 에밀 타케 신부님이 일본에서 받은 밀감 묘목 14그루로 시작한 근대 제주 밀감 재배 역사를 보여주는 전시물 또한 그렇다. 프랑스에서 온 에밀 신부는 제주에서 활동하며 제주 자생 왕벚나무 표

사진 3. 100년 넘은 하귤나무. 2022년 3월 18일.
사진 4. 서귀포 감귤박물관에 전시된 제주 토양 단면도.

본을 일본에 있던 포리 신부에게 보냈고, 포리 신부는 이를 다시 독일 베를린공대로 보냈다. 베를린공대는 이 벚나무를 제주도 원산지, 고유종으로 동정했다. 왕벚나무 덕분에 일본에서 밀감을 선물로 받아 재배하게 되었다. 왕벚나무 자생지 중에서 한라산 중산간인 남원읍 신례리 516도로와 신례천 교차점 부근에 꽤 큰 성목들이 있는데 이곳 효돈동(신효동)에서 가깝다. 이 외에 제주시 한라생태숲 부근 516도로변의 봉개동 왕벚나무 자생지도 찾기 쉽다. 감귤박물관은 제주의 기후와 식생과 토양과 감귤 농업의 역사 등등을 잘 설명해놓았다. 왕벚나무 자생지와 감귤박물관은 지리학과 학생들이 제주로 답사여행을 오게 되면 필수 코스로 넣을 만할 가치가 충분하다.

드디어 5월 중순이다. 후원 하귤 몇 개를 땄다(사진 5). 씹으면 과육들이 톡톡 터지는 식감도 즐거웠다. 하귤은 관상용뿐만 아니라, 한 번만 먹어보면 하귤 맛 매력에 푹 빠질 수밖에 없는, 공천포 집 담장 안의 숨어있던 보석이었다. 많이 걸어서 지쳤을 때 하귤을 조금 먹으면 몇 분 안에 정신도 몸도 가뿐해진다. 착각이 아니라 먹을 때마다 나는 그렇다. 제주시에 다녀왔을 때의 일이다. 한라산을 끼고 '삼다수' 생산 공장이 있는 중산간 지역 교래리를 통과하는 순탄한 남조로길로 오지 않고, 지름길인 성판악휴게소가 있는 한라산의 고지대를 넘나드는 꼬불꼬불한 516도로를 타고서 집에 오니 멀미가 났다. 아내가 정갈하게 손질해 둔 하귤을 내주었다. 멀미가 싹 가셨다. 신기하다. 지난주에는 귀한 손님이 본토에서 오셨다. 택시가 516도로를 거쳐서 공천포로 모셔왔다. 역시 나처럼 멀미를 하셨다. 하귤을 드시고는 곧

사진 5. 하귤 껍질이 두껍다. 하귤은 상큼하고 단맛이 일품이다. 과육이 탱글탱글하여 식감도 좋다. 2022년 5월 15일.

사진 6. 수확한 공천포 집 후원 하귤. 2022년 5월 28일.

장 회복되셨다. 나에게만 좋은 것이 아니었다. 공천포 집 주인이 우리에게 후원 하귤 모두를 마음껏 따먹으라고 한다. 하루에 1개씩 따다 먹고, 그래도 다 못 먹으면 아내가 하귤청을 만들 것이다. 하귤청으로 하귤에이드를 만들어 마시면 맛있겠다.

사진예술 분야의 스승이신 함철훈 선생님이 사진전시회 관계로 한국에 오셨다. 오신 김에 선생님이 대표이자 사진 감독으로 계신 V.W.I.(Visual Worship Institute)의 한국 Vine반 집체 수업을 모레부터 평창에서 2박 3일간 하실 것이다. 낮에 튼실하고 해묵어 오래되어 맛나 보이는 것으로 한 광주리만큼 또 땄다(사진 6). 본토의 가족도 주고 V.W.I. 교육 기간 중 나눠 먹기에 넉넉하다. 제주공항에서 양양공항으로 가는 비행편이 있다. 평창까지 가져가기도 편하다.

2.

서귀포 은비늘 금비늘 바다

서귀포 칠십리, 은비늘 금비늘 바다

나는 보았다. 서귀포에는 '은비늘 바다'가 있다. 추미림의 <서귀포 칠십리> 노랫말은 사실이었다. 이 노래는 일제강점기인 1937년에 박시춘이 작곡했고, 남인수가 불렀다. 애당초 작사자는 월북 문인 조명암이다. <알뜰한 당신>, <선창>, <낙화유수>를 비롯하여 지금도 많은 사람이 즐겨 듣고 부르는 <목포는 항구다>, <고향초>, <신라의 달밤> 등 1930~1940년대 유행한 노래의 가사도 그의 작품이다.

<서귀포 칠십리>는 1948년 작사자 조명암이 월북하자 금지곡이 되었다. 월북 작가들이 만든 일제강점기 히트곡들은 작사자의 이름을 바꾸어야 했다. 이에 추미림이 개사하여 재취입한 음반이 1950년대에 그랜드레코드공사에서 나왔다. 노래는 남인수가 다시 불렀다. 2절에서 '자갯돌'이 '은비늘'로 바뀐 것이 인상적이다. 은비늘이 반짝

사진 1. 쇠소깍 검은모래해변 자갯돌(몽돌). 2022년 2월 8일.

이는 서귀포 바다는 무수한 갈치 떼가 수면에 나타난 것일까? 지리학적으로 생각해볼 수도 있지만 맥락에 맞지 않는다. 시적인 표현으로 받아들였다.

내 고향은 바다가 없는 충북 청주다. 바다를 모르고 자랐다. 은비늘이 반짝이는 바다를 본 적이 없다. 안식년을 맞아 이사 온 서귀포시 남원읍 신례리 공천포 집 대문 앞은 바다다. 올레 5코스가 집 앞을 지난다. 부부, 연인들, 친구들 또는 가족 단위인 올레꾼들이 공천포 집 앞을 걷는다. 우리 부부도 남원항에서 쇠소깍다리까지 해안 길인 이 올레 5코스와 아울러 쇠소깍에서 서귀포 KAL호텔과 소정방폭포와 서귀진성을 지나 천지연폭포 부근 시내까지인 올레 6코스 산책을 자주 한다. 사는 집 위치와 올레길이 서귀포 바다를 만나기 쉽게 한다.

자주 접하다 보니까 바다는 내가 몰랐던 자기의 진실을 가끔 보여준다. 서귀포의 은빛 바다가 그것이다. 2021년 12월 28일이다. 아주 맑지는 않고 하늘에 적당히 구름이 떠 있었다. 구름 사이로 강한 햇살이 내리쬐니까 그 부분의 바다가 유독 더 은비늘로 덮이고 반짝거린다. 이럴 땐 아름다워 숨이 막힌다는 표현을 쓸 수밖에 없다. 마침 사진가 아내가 푸른 바다가 은비늘로 덮인 모습을 작품으로 잘 담아냈다(사진 2). 아내가 작품을 보며 "누군가 수평선과 바다의 물결을 은색 실로 정교하게 수놓은 듯해."라고 말했다. 연신 감탄했다. 개인전에 먼저 내어야 하는데 아내는 자신의 작품을 이 책에 사용하도록 기꺼이 권한다. 평생을 양보하고 날 배려해주는 아내다.

무슨 연유인지 1968년에 지구레코드에서 나온 백설희와 이미자 합

사진 2. 「서귀포 은비늘 바다」. 아내 작품.
사진 3. 「서귀포 은비늘 바다」 필자 작품.

창인 <서귀포 칠십리>에서는 '은비늘'이 '금비늘'로 바뀌었다. 이것도 나는 보았다(사진 4). 금(은)비늘이 반짝반짝 물에 뜨는 서귀포다. 2022년 1월 2일 올레 7코스가 지나는 외돌개 부근에서 범섬을 바라볼 때다. 구름에 숨어들어 가는 해로부터 금비늘이 바다에 뿌려졌다. 핸드폰 카메라로 금비늘 바다를 담았다. DSLR 카메라가 손에 없어서 아쉬웠다. 2월에는 사진 4처럼 한 부분이 아니라 서귀포 바다 전체가 금비늘로 반짝거림도 두 번이나 내 눈으로 보았다. 그때마다 손에 카메라가 없어서 내 심상의 필름에만 담고 말아야 했다. 후회된다. 무겁지만 카메라를 늘 가지고 다녀야 할 것이다. 집 앞이 바다니까 금비늘이 반짝이는 아름다운 서귀포 바다를 작품으로 찍을 날이 오길 기대해본다. 나보다 사진으로 바다를 더욱 잘 반추상화 내지는 추상화하는 아내가 「서귀포 금비늘 바다」 작품도 만들어 줄 것 같다. 금비늘 은비늘이 반짝이는 서귀포 바다는 실제다.

도무지 서귀포의 무엇이 '칠십리'일까? 서귀포 해안선 길이가 칠십리일까? 지리학자로서 호기심이 발동한다. 오늘날의 서귀포시 행정구역이라면 해안선 길이는 이백오십 리가 족히 넘겠다. 그럼 작사 당시인 일제강점기에 서귀면 해안선 길이가 칠십 리(28km)였던 것일까? 알고 보니 모두 아니다.

서귀포를 말할 때 따라다니는 '칠십리'를 언급한 최초의 문헌은 『탐라지』다. 1663년 제주 목사를 지냈던 이원진이 펴냈다. 이 책에서 그는 서귀진(포)이 지금의 표선면 성읍리에 있는 정의현청에서 서쪽 70리에 있다고 서술했다. 16년 후인 1679년에 정의현감이었던 김성

사진 4. 외돌개에서 범섬과 가파도 방향으로 나타난 서귀포 금비늘 바다. 2022년 1월 2일.

그림 1. 정의현에서 시귀진까지를 65리로 조금 단축해 표시한 옛 지도(정의군지도). 출처: 제주문화유산연구원, 2014, "도지정 기념물 제55호 서귀진지 유적(3차) 문화재발굴조사보고서 濟州 西歸鎭址 II".

구가 쓴 『남천록』에는 조금 더 자세히 지리적 사항까지 나온다. 그는 "정의현청 관아에서 옷귀(지금의 남원읍 의귀리)까지 거리가 30리고, 옷귀에서 서귀포까지가 40리다. 70리를 지나는 동안 옷귀와 쉐둔(지금의 효돈) 두 마을을 제외하고는 사람 사는 곳이 없었다."라고 기록했다. '서귀포 칠십리'의 유래는 이것이었다. 『탐라지』 이후로 201년이 더 지나고 고종 9년(1872)에 만든 「정의군지도(旌義郡地圖)」에는 65리로 조금 단축되어 나온다(그림 1). 다음과 같이 기재되었다. "천지연[天帝('帝'는 '池'의 착오)淵]과 정방연(正方淵) 사이에 서귓개(西歸浦)와 서귀을(西歸里) 및 서귀진(西歸鎭)은 정의군에서 65리 거리에 있다[距本郡六十五里]."

이렇듯 지리적 개념이던 '서귀포 칠십리'는 일제강점기인 1938년에 시인 조명암이 노래 가사에 사용함으로써 대중적으로 알려지기 시작했다. 그때부터 '서귀포 칠십리'는 성읍에서 서귀포(서귀진)까지의 '지리적 거리'란 개념을 초월해버렸다. 이청준의 소설 『이어도』와 가수 정태춘의 〈떠나가는 배〉 등으로 만들어진 유토피아로서의 '이어도 이미지'와 더불어 이상향에 대한 그리움과 서귀포 자체의 아름다움을 함축한 고유명사가 되었다. 이제는 엄연한 유토피아적 지명으로 자리 잡았다. 일례로 '서귀포 칠십리 해안경승지'라는 오늘날의 '관광 지명'을 만들어내기도 했다.

이 밖에 이미자의 〈서귀포 바닷가〉(1968), 조미미의 〈서귀포를 아시나요〉(1973) 등도 사람들의 제주도, 특히 서귀포에 대한 환상과 그리움이 겹쳐 유행한 노래들이다. 일제강점기와 개발도상기인 1960

년대와 70년대에 서정적이고 결이 고운 가사들은 제주도와 서귀포를 향한 '유토피아'라는 이어도 이미지와 함께 '환상의 섬'과 '미지의 세계'란 동경을 불러일으켰다. 수학여행과 신혼여행이 아니라도 많은 젊은이가 찾아오는 것으로 보아 지금도 여전히 그러한 것 같다.

> 이 땅의 주인은 땅문서를 가진 사람이 아니다. 이 땅의 아름다움을 본 사람이 주인이다.

우리 부부의 스승인 사진가 함철훈 선생님 말씀이다. 서귀포를 찾아오는 젊은이들이 이 땅의 주인이 되고, 은비늘 바다와 금비늘 바다를 보면서 창조주 하나님을 만나거나 기억하면 좋겠다.

남원읍 큰엉 해안 경승지를 기어오르는 현무(玄武), 거북이

관심을 가지고 자주 보고 자세히 보면 보여주는 걸까? 운이 좋아 눈에 띈 걸까? 제주 남원 금호리조트와 맞닿은 '큰엉' 표지석이 있는 해안절벽을 기어오르는 '거북이 형상' 지형을 발견했다(사진 1). '큰엉'이란 제주 사투리로 큰 언덕이라는 말이다. 제주에 와 살기 전에도 지리학자로서 여러 번 다녀간 곳이다. 지난 12월에도 사진 작업한 곳이다. 그런데도 2022년 1월 초에서야 보았다.

큰엉 해안 경승지는 해안단구와 해식 절벽(해식애), 파식대가 멋진 곳이다. 남원항을 시점으로 서쪽으로 위미항, 공천포, 망장포를 거쳐 쇠소깍다리가 종점인 올레 5코스(약 13km)가 이곳을 지나간다. 이곳 해안지형의 아름다움이야 두말할 필요도 없고 '한반도 지도'가 나타나는 올레길 나무터널로도 유명하다. 나무터널 안에서 사진을 찍으

사진 1. '큰엉' 표지석 아래 절벽을 기어오르는 거북이[玄武]. 현무암 주상절리 표면부가 파식에 의해 거북이 등껍질 형상으로 매끄럽게 잘 다듬어졌다. 2022년 1월 15일.

려는 사람들의 줄 선 모습이 눈에 자주 띈다. 여기는 집이 있는 공천포에서 가깝고 경치가 좋다. 이사 온 지 두 달도 안 되어 다섯 번이나 다녀왔다. 빛과 바다를 주제로 사진 작업하기 참 좋다. 구름 사이로 내리는 빛이 만들어내는 은빛 바다와 해 뜨거나 질 무렵 금빛 바다는 올레 5코스 길에서 바라볼 수 있는 남쪽 바다의 색다른 매력이다. 북쪽 바다를 보는 제주시 바다와는 색이 다르다. 그래서 본토에서 가족이나 지인이 오면 아름다운 올레 5코스 길과 바다를 보여주고 싶어서도 이 큰엉까지는 자주 오게 된다.

한국인들은 현무암을 좋아하나 보다. 카페나 음식점에 가면 현무암으로 벽을 장식한 곳이 적지 않고 보기에도 멋지다. 제주에 자주 올 형편이 못 되었기에 나는 서울에서 쉽게 갈 수 있는 베개용암과 재인폭포 등등 철원평강 용암대지 현무암 지형 명승지를 즐겨 찾았다. 현무암을 앵글에 살짝 넣으면 쉽게 아름다운 것을 만들어낼 수 있다. 생명체가 현무암 검은 색채에 대비되고 구멍 난 표면 질감과 함께 그 어떤 추상 예술적 이미지를 창작하기에 현무암은 좋은 소재가 된다. 고상한 돌이다.

내가 아는 제주 사람 중에 현무암에 심드렁했었던 분도 있었다. 재작년 여름이다. 그 날도 장대비가 시원하게 쏟아졌다. 제주가 고향인 지인 부부가 선교지로 다시 나간다기에 조촐한 식사로 모신 날이다. 몇 주 전 여름날, 이처럼 비가 억세게 내려 오히려 걷기에 더없이 좋았던 날에, 올레 19코스 중에서 함덕에서 김녕까지 무려 10km를 아내와 함께 걸었던 일을 자랑했다. 그 길 빗속에 현무암과 파도가 만들

사진 2. 올레 21코스 길가 세화 고븐여에 비가 내렸다. 2021년 6월 15일.

사진 3. 섭지코지에서 사진 하는 아내. 아내와 나는 2019년 여름부터 함철훈 선생님에게 사진을 배우기 시작했다. 그 시절 센바람에 우비가 펄럭대고 비 내리던 날에 섭지코지 현무암 절벽 밑 여(이어, 파식대 또는 용암대지)가 시작되는 부분에서 무엇인가를 앵글에 담는 아내 모습은 진지하고 아름다웠다.

어낸 시커먼 현무암 용암대지에서 사진 작업한 이야기를 했다. 그리고 5년 전 여름에 이분들과 함께 1주일 넘게 세화에 있는 리조트에서 합숙하며 사진가 겸 선교사인 함철훈 선생님에게서 사진을 배울 때 이야기며, 그때 강의실로 쓰인 카페 2층 창밖에 있던 세화마을 고븐여(이어) 등 현무암에 관한 이야기로 이야기꽃을 피워냈다. 나는 현무암 바닷가에 비가 내리면 눈물이 날 정도로 더욱 아름답다고 했다. 그리고 그런 내용이 담긴 이청리 시인의 「제주 돌담만리」라는 시를 제주가 고향인 이분들께 알려드렸다. 이 부부도 사진가들이다. 고향 제주에서 늘 보던, 거칠고 검은 흔하디흔한 현무암이 아름답다고 생각해본 적이 한 번도 없었다던 이분들도 이제부터는 현무암의 아름다움을 찾아 작품에 담아보겠다고 했다.

서양에서 현무암을 뜻하는 'basalt'라는 말은 라틴어 'basaltēs'에서 유래하였다. 이 단어는 또다시 그리스어 'βασανίτης[λίθος]'(매우 단단한 돌)의 음차다. 한자 사용권에서 '현무암'이라는 단어는 1884년에 일본의 지구과학자 고토 분지로가 효고현 기누사키(城崎) 온천 근처 겐부(玄武, 현무) 동굴의 이름을 따서 명명한 것이다. 이 겐부 동굴은 육각형 주상절리를 잘 볼 수 있는 현무암질 산에 자리하고 있다.

한편, 고구려 「사신도」에서 북방을 지키는 신으로 묘사되는 동물이 있다. 현무(玄武)다. 『예기』에서 "현무는 거북이다."라고 하였다고 한다. 그런데 고구려 「사신도」를 보면 거북뿐만 아니라 뱀과 함께 그려져 있다. 학계에서는 이 신화 속 동물이 거북과 뱀 중 어느 쪽이 원형에 가까운지에 대하여 의견이 분분하다고 한다. 다만, 거북이 원형이라는 주장에 따르면 『예기』와 같이 사신을 언급한 고전들에서 현무를 자주 거북으로 표현했음을 근거로 든다. 한자로 '현(玄)'은 검정색을 뜻하고 '무(武)'는 싸움이라는 의미가 있다. 아무튼, 현무는 뱀보다는 거북이로 대중에게 인식되고 있다. 현무를 거북이로 인식한 고토 분지로 역시도 이 검은 돌을 현무암이라 했다. 이 돌이 잘 만들어내는 6각형 주상절리 윗면 문양이 거북이 등껍질 무늬와 같기에 지어진 이름이다(사진 4). 주상절리(柱狀節理)란 기둥 주(柱), 형상 상(狀), 즉 기둥 형상이란 말이고, 절리(節理, joint)란 암석 내 갈라진 틈들을 일컫는다. 가물 때 점토가 수축하면 논바닥이 갈라지듯이, 액체 상태인 용암이 식어 굳을 때도 부피가 수축하면서 갈라지는 틈인 절리가 생긴다. 이 주상절리는 6각 기둥을 잘 이룬다. 큰엉 현무암 주상절리 윗부분 다각형 기둥들 사이 틈이 만들어내는 무늬 역시도 마치 거북이 등 무늬 같다.

이와 별도로, 구좌 행원리 등지에서는 바게트 모양을 한 거북이 등 무늬 형상의 현무암 지형도 있다. 이는 점성이 낮은 현무암이 흘러갈 때 표면은 빨리 식어 굳고, 그 표면 아래에 밀려드는 용암의 압력으로 현무암이 부풀어 오를 때 생긴다. 이때 식어가는 현무암 용암 표면이 마치 바게트 모양으로 갈라지면서 부풀어 오른다. 이런 거북 등 형상은 특별히 투물러스 지형이라 칭한다. 다각형 주상절리 윗부분이 만들어내는 거북등무늬와 그 형태는 일견 유사해 보일 수 있지만 그 형성 원인이 다르다. 이곳 남원 큰엉의 거북등무늬는 주상절리대의 윗부분이 만든 것이다. 큰엉 표지석 부근 절벽을 기어 올라오는 거북이

사진 4. 제주 남원 큰엉 해안 경승지에서 본 거북이 등껍질 형상의 현무암 지형들. 2022년 1월 15일.

형상 지형과 절벽 상부 거북등무늬 지형 등은 현무암을 현무암(거북이돌)이라고 이름 지은 까닭을 잘 말해준다.

3.

봄의 시작, 매화

한국 봄 첫 매화

봄에 꽃이 피는 순서로 춘서(春序)란 말이 있다. 중국 시인 백거이(白居易)는 낙양에서 매화가 가장 먼저 피고 앵두꽃, 살구꽃, 복사꽃, 배꽃 등이 핀다 하였다. 봄날 궁전 정원에서 온갖 꽃들이 피는 것을 보며 봄바람이 자신에게도 불어와 자신의 삶을 꽃피워 달라는 마음을 실었다. 한반도에서의 춘서는 매화 다음에 산수유, 개나리, 진달래, 벚꽃, 철쭉 등이다. 중국 낙양이든, 한국 서귀포든 봄의 전령사는 역시 매화다.

봄바람(춘풍, 春風)

백거이

봄바람에 정원 매화꽃 먼저 피고

앵두꽃, 살구꽃, 복사꽃, 배꽃이 차례로 핀다
냉이꽃, 느릅 싹 깊은 산골 마을에 피니,
또한 말하리라, 봄바람이 나를 위해 불어온다고

春風先發苑中梅 (춘풍선발원중매)
櫻杏桃李次第開 (앵행도리차제개)
薺花楡莢深村裏 (제화유협심촌리)
亦道春風爲我來 (역도춘풍위아래)

2022년 2월 초순이다. 아직 한겨울인데 여러 뉴스에서 서귀포 걸매생태공원 매화 소식이 전해졌다. 새해 들어 한국 매화 소식으로 언론에서 가장 먼저 알린 곳이다. 가보니 백매와 청매가 피었다. 꽃받침 색깔로 구분한다. 봄바람에 실려 오는 그윽한 매화 향기를 맡는다. 카메라 렌즈를 통해 보이는 매화의 아름다움에 숨이 멎는다. 인간의 맨눈으로는 볼 수 없는 아름다움을 본다. 사진은 기계를 사용하는 예술이다. 셔터 스피드와 조리개로 시공간을 조절하여 빛이란 물감을 화상에 맺히게 한다. 매화의 아름다움들을 카메라라는 기계로 극대화하려 노력하며 카메라에 담았다. 창조된 만물의 아름다움을 더 잘 보고 더 많이 볼 수 있는 사진가가 되어서 행복하다.

걸매생태공원과 거의 붙었고 산책로로 연결되는 공원이 있다. 칠십리시공원(七十里詩公園)이다. 생태지리학적으로는 붙어있다고 본다. 거기에도 매화원이 있다. 서귀포항구 뒤에 있고 태풍 피해를 자

사진 1. 서귀포 걸매생태공원 매화원 모습. 2022년 2월 12일.
사진 2. 수묵화처럼 표현된 청매 작품.

주 받는 곳이다. 천지연폭포 절벽 위에 삼매봉 입구 남성리공원에서 절벽을 따라 낸, 시민들이 즐겨 찾는 칠십리시공원 산책길은 대략 600m이다. 공천포 집에서 차로 20분이면 간다. 널찍한 게이트볼장이 있어 많은 노인이 운동하는 모습도 보기 좋다. 주민들뿐만 아니라 이젠 유명해져서 관광객도 많이 찾는다. '제주 올레 7코스', 서귀포시에서 지정한 '하영올레길', 그리고 이중섭미술관에서 출발하여 자구리해변과 소암미술관까지인 4.9km의 '작가의 산책길' 모두가 이곳을 겹쳐 지난다. 길 건너에 변시지 화백 등 유명 작가 작품이 적지 않은 서귀포 시립 기당미술관이 있다. 우리 부부가 단골이 된 이중섭미술관 주차장 부근 팥죽집을 갈 때 겸하여서 식사 후에 산책과 사진 하려고 자주 찾는 곳이다.

천지연폭포 전망대에서 바라보는 폭포와 한라산이 압권이고, 바다 쪽으로는 서귀포항구와 섶섬이 보이는 곳이다. 눈 덮인 한라산이 배경이 되기에 이곳 매화원은 걸매생태공원의 그것보다 더욱 아름답게 느껴지기도 한다. 2007년부터 이곳에 매화나무를 심었다. 당시 7~8년생 나무로 심었다. 이제 22~23살 된 성목들이다. 《제주일보》 2010년 6월 16일 자 기사를 보면, 한일 우호 증진 사업으로서 이곳 칠십리시공원에 매화원을 조성한 기사가 나온다. 재일 한국인 단체와 일본인들이 함께 힘을 모아 서귀포시에 매화나무 식재 사업비를 3년째 제공했다는 기사다. 걸매생태공원 매화원도 이때 함께 만든 것인지 확실하지 않지만, 나무들 크기를 보니 그럴만하다. 아름답고 감사한 일이다. 고결한 지사(志士) 정신을 지키면서 어려운 한일 양국 관계가

지혜롭게 해결되길 바란다. 두 나라가 다시 서로 사랑하고 인류 공영 발전에 함께 이바지하는 날이 오길 기대한다.

공원 여기저기에는 정완영의 「바람」 등 서귀포를 소재로 한 유명 시인들 시 13편과 정태권의 〈서귀포를 아시나요〉 등 가요 3편을 새긴 돌비석이 있다. 이 칠십리시공원은 '시청의 공원'이란 뜻이 아니고 '시인들의 작품인 시를 비석으로 세운 공원'이다. 걸매생태공원과 달리 이곳 매화는 2월 중순에서야 피었다. 매화원 초입에 능수매 한 그루가 별도로 심겨 있다. 능수(수양)버들처럼 가지가 아래로 휘늘어지게 자라는 매화나무다. 안덕면 노리매공원에는 능수매가 무수히 많다. 여기는 이것 한 그루뿐이다. 독보적이기에 여기서는 그 자태가 더욱 우아하고 아름답다. 지나는 사람들 시선을 한 몸에 받는다.

작가의 의도가 아니라면 보통은 카메라 초점을 주제가 될 대상에 정확히 맞추어야 한다. 바람 불면 능수매 가지가 움직이기에 더욱 그렇다. 자주 그렇지만 작품을 하며 내가 매화인지 매화가 나인지 모를 정도로 몰입이 되었다. 바람을 찍을 때면 초속 7m 이상의 센바람이 반갑고 꽃가지가 마구 흔들릴 때를 기다리다 셔터를 누른다. 이번에는 사군자처럼 정지 상태 매화를 찍으려 한다. 꽃과 광선에 집중해야 한다. 내가 매화를 부쩍 좋아하게 된 것은 문화예술 선교사이자 사진가인 함철훈 선생님 문하에 들어가 사진예술을 배우기 때문이다. 사진기로 매화를 치려 한다.

매달 1회씩 함철훈 선생님 사진비평 수업에 제출할 작품을 매화로 제작하기 위해 두 번째로 칠십리시공원을 찾아온 2월 27일의 일이다.

사진 3. 칠십리시공원 능수매. 2023년 봄에 다시 가니 이 능수매가 화단 앞부분으로 옮겨져 있었다. 2022년 2월 27일.
사진 4. 능수매 작품.

나는 렌즈를 통해 보며 능수매 삼매경에 빠졌다. 귓전에 "아~ 아~ 팝콘이다! 팝콘이 나무에 열렸네~!"라는 예쁜 탄성이 들렸다. 고개 들어 바라보니 엄마 손을 잡고 지나가는 어린이가 보였다. 아이는 갓 맺힌 매화 봉오리처럼 사랑스러웠다. 저 깨끗하고 맑은 어린이의 눈에는 무수히 열린 매화가 엄마와 함께 행복하게 먹었던 팝콘처럼 보인다. 입가에 미소를 머금고 다시 뷰파인더를 보았다. 그러고 보니까 내 앵글 속 능수매에 먹음직한 아름다운 팝콘들이 가지마다 부지기수로 달려있었다.

이 매화를 어떻게 바라보고 느끼고 내 사진에 어떻게 추상화시켜서 수묵채색화처럼 담아내야 할까? 행복한 고민 하며 시시때때로 변하는 빛을 좇아, 해가 질 때까지 매화 작품을 만들었다.

시집가는 딸에게 줄 매화를 그리는 아버지 마음

노리매공원에 처음으로 갔다. 사랑하는 딸 혼사를 위해 사돈 될 어른들을 만나 상견례를 올린 날이다. 상견례는 노리매에서 차로 10분 거리인 신화월드에서 있었다. 상견례는 아름답게 마무리되었다. 그냥 헤어지기는 아쉬웠다. 사돈 되실 분들은 30년 넘게 주일학교 교사와 부장으로 섬기신 장로님이고 권사님이셨다. 두 분은 어려울 수 있는 상견례 자리를 편하고 은혜롭게 인도해 주셨다. 나는 두 분에게 함께 노리매공원을 산책하고 산방산 유채꽃밭을 가보자고 제안했다. 딸과 예비 사위에게 따로 데이트하라니까 좋아했다. 노리매 산책로를 따라 고고하면서도 찬연하게 아름다운 능수매가 즐비하다. 공원 내 담장과 연못가 등 그 어디나 매화꽃 천지다. 노리매를 거니는 동안 두 분 말씀 마디마디에서 매향이 풍기고 신실한 신자의 품격이 느껴졌다. 헤어지기가 다시금 아쉬웠다. 천국에서 산책이 이럴까?

사진 1. 노리매공원 매화. 2022년 2월 25일.

매화가 좋아 일주일 후 다시 노리매를 찾았다. 이 날, 유배지인 강진 다산초당에서 시집간 딸을 위해 매화를 그리고 시를 쓴 다산 정약용(茶山 丁若鏞, 1762~1836)을 알게 되었다. 노리매 산책로 입간판에서 다산의 「매조서정도(梅鳥抒情圖)」(그림 1)를 본 것이다. 향기 날리는 매화나무 가지에 앉은 한 쌍의 새에게 다산은 그곳에 둥지를 틀라고 권한다. 이 「매조서정도」의 두 마리 새는 딸과 사위를 상징한 것 같다. 딸의 행복을 비는 아버지의 애틋함이 읽힌다. 한 해 전에 시집간 외동딸에게 천주교인으로서 주 안에서 서로 사랑하고 섬기는 부부의 도리를 가르친다. 배곯지 말고 잘살기를 염원한다.

매조서정도(梅鳥抒情圖)

파르르 새가 날아 뜰 앞 매화에 앉네
매화 향기 진하여 홀연히 찾아왔구나
여기에 둥지 틀어 네 집을 삼으렴
만발한 꽃인지라 먹을 것이 많단다

翩翩飛鳥 息我庭梅 (편편비조 식아정매)
有烈其芳 惠然其來 (유렬기방 혜연기래)
爰止爰棲 樂爾家室 (원지원루 낙이가실)
華之旣榮 有賁其實 (화지기영유빈기실)

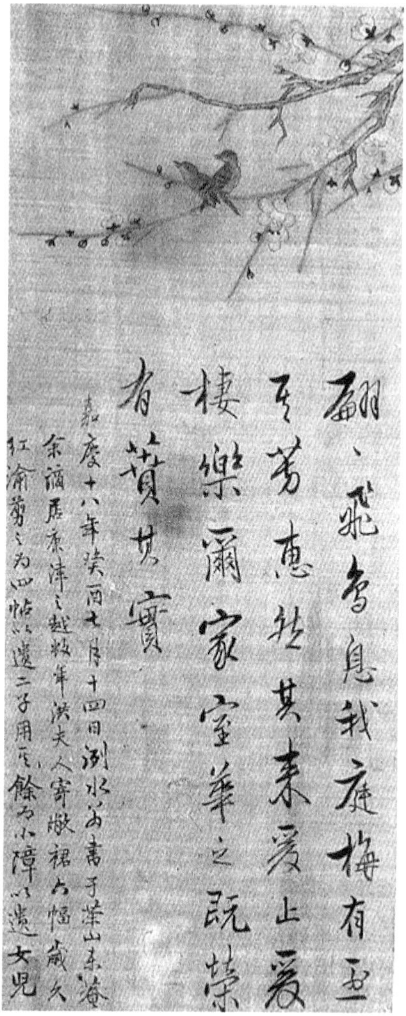

그림 1. 다산의 「매조서정도」

유배지에서 매화를 치고 시를 쓰는 정약용의 심정은 어떠했을까? 가난한 귀양살이 유배자 몸이 되니 한 해 전에 시집간 외동딸이 눈에 더 밟혔을 것이다. 수원 화성을 함께 만드는 등 그를 아끼던 정조가 죽은 후인 순조 1년(1801)에 신유박해가 있었다. 천주교를 믿은 죄를 명목으로 다산은 체포되어 유배되었다. 그의 나이는 마흔 살이었다. 그 후 7년, 유배지에는 방문할 수 없는 부인 홍 씨(홍혜완, 1761~1838)가 시집올 때 입고 온 다홍치마를 아래 시와 함께 유배지에 있는 남편 다산에게 보냈다고 한다.

임과 이별한 지 7년인데 서로 만날 날 아득하여
생전에 다시 보기 어렵겠지요.
가녀린 풀에 서리 내리고 가을 가고 다시 봄이 오면
두 눈 크게 뜨고 멀리 바라보려는데
언제 어느 때에 당신 얼굴 볼 수 있으리오.

실학자 다산은 자식 사랑과 자녀 교육에 남달랐다. 부인이 이때 보낸 다홍치마 6폭을 잘라서 두 아들에게는 하피첩(霞帔帖)을 써 보내고, 얼마 전 시집간 딸에게는 이 「매조서정도」와 시를 적어 보낸 것이다. 그리고 화폭 끝부분에 후기로 다음과 같이 써놓았다.

내가 강진에 귀양살이한 지도 여러 해가 지났다. 부인이 헌 치마 여섯 폭을 보내왔는데 해가 묵어서 붉은빛이 바랬다. 이것을 네 개의 첩으로 잘라 두 아들에게 보내고 그 나머지로 가리개를 만들어 딸에게 보낸다.

하피(霞帔)는 결혼식에 신부가 입는 예복인 다홍치마를 말한다. 즉, 하피첩이란 노을빛 치마(다홍치마)로 만든 소책자[노을 하(霞), 치마 피(帔), 문서 첩(帖)]란 뜻이다. 종이 수집하던 할머니 수레에 있던 이 책과 폐지가 물물교환된 것이 KBS <진품명품>에서 하피첩 진품으로 감별되어 화제가 된 그 책이다.

「매조서정도」를 확대하며 자세히 보았다. 어머니 치마에 아버지의 사랑과 염원을 담아서 딸에게 보냈던 거다. 딸을 향한 사랑이 배어 나오는 시구는 구구절절이 상견례를 마친 내 가슴을 먹먹하게 만든다. 「매조서정도」를 만들 때 그의 나이는 52세였다(순조 13년, 1813). 이후 그는 다시 5년이 지난 순조 18년에서야 풀려나 현재 팔당댐 근처인 그의 고향 남양주 조안면으로 돌아갈 수 있었다.

앞의 글에 썼듯이 나는 사군자 중 으뜸 되는 매화를 사진기로 치려 한다. 매화처럼 지조 있고 고결한 사람이 되고, 매화 사진에 예수님의 향기, 예향을 담아서 온 세상에 전하는 사람이 되고 싶다. 나는 빛으로 그림을 그리며 예수님을 전하는 사진가가 되고 싶다. 상견례를 치르고 사돈 되실 귀한 분들과 산책하며 처음 본 노리매공원의 매화는 그 어디에서 본 것보다 아름답고 다양했다. 그래서 오늘은 아침부터 서둘러서 아내와 함께 공천포에서는 제법 먼, 차량으로 1시간 거리인 노리매를 다시 찾은 것이다.

사진 작업을 하다 보니 먼발치에 있는 '매조서정도 안내판'이 다시 눈에 들어왔다. 다가가 자세히 읽어보았다. 아, 애틋해라! 시집간 딸에게 보내는 매화를 그린 친정아버지의 유배지에서 서화에 관한 내용이다. 상견례를 하는 그날에는 몰랐다. 사돈 되실 어른들과 노리매를 처음 찾은 그날, 이 안내판을 얼핏 보긴 보았었다. 하지만 춥고 거칠 것 없는 제주 서부의 평야 지대인 대정과 고산을 스쳐온 겨울 칼바람이 매서워 차분히 서서 읽어볼 엄두가 나지 않았었다.

매화는 꽃의 색깔에 따라 백매(白梅), 청매(靑梅), 홍매(紅梅)로 나뉜다. 꽃말은 고결, 기품, 결백, 인내다. 그중에서 특히 백매는 결백, 청매는 인내, 홍매는 고결을 상징한다. 이런 꽃말과 더불어 추운 겨울을 견디고 꽃을 피워내 지조와 절개를 상징하는 것이 매화다. 여기에 더하여 '겸손'까지 나타내어 매화 중의 매화라고 불리는 매화나무가 있다. 바로 능수매다. 능수매(능매)는 버드나무처럼 그 가지가 아래로 축 처진 매화다. 수양매라고도 한다. 능수매도 백매와 홍매 그리고 청매가 있다. 가지는 낮은 데로 향하여 늘어지고, 피어나는 꽃조차 땅을 향해 피운다. 그래서 능수매는 겸손을 상징한단다. 보면 볼수록, 알면 알수록 고고하고 아름다운 나무다. 성경에서 능수매처럼 청년들에게 가르치는 '겸손'으로는 『베드로전서』 5장 5절이 있다.

젊은 자들아 이와 같이 장로들에게 순종하고 다 서로 겸손으로 허리를 동이라 하나님은 교만한 자를 대적하시되 겸손한 자들에게는 은혜를 주시느니라

사진 2. 홍매화 작품.

사진 3. 노리매에서 사진 작업하는 아내. 2022년 2월 25일.

사진 4. 노리매 집 대문가 백매. 2022년 2월 25일.

사랑하는 딸이 얼마 후면 시집간다. 다산처럼 매화 그림을 못 그리는 나는 오늘 사진기로 아주 열심히 매화를 찼다. 서양화를 전공한 아내가 좋은 매화 작품이 나왔다고 칭찬한다. 어제 찍은 서귀포 칠십리 시공원 능수매도 작품급이고, 오늘 노리매공원에서 만든 백매도 일품이란다. 그러나 내 눈에는 아쉬운 부분이 보인다.

"매향천리 덕향만리(梅香千里 德香萬里)"란 말이 있다. 매화 향기는 천 리에 퍼지고 덕스러운 사람 향기는 만 리를 간다는 뜻이다. 딸이 내 매화 작품을 보면서 스스로 고결하고 지조 있게 남편을 사랑하는 아내가 되며 시부모님께는 순종하는 아름다운 며느리가 되길 바란다. 사위와 함께 서로 겸손의 옷을 입고 살길 바란다. 상견례 때 들으니, 시어머님의 할아버님은 조선에 오신 서양 선교사님과 함께 교회를 세우셨다고 한다. 하나님 나라를 확장해온 시대 신앙의 맥을 잘 이어가는 가정을 이루길 바란다. 예수로 옷 입은 딸의 향기가 매화 향기보다 더 멀리 만리(萬里), 땅끝까지 풍기면 좋겠다.

카메라를 정비한다. 내일 아침 일찍 다시 한번 서귀포 시내 칠십리 시공원과 안덕면 노리매공원을 다녀와야겠다. 딸 신혼집에 걸어줄 매화 작품들을 기대한다. 다시 만들면 옛 선비들의 매화 그림처럼 아름다울 수 있을까?

봄의 전령사인 서귀포와 산청 매화 이야기

폭죽 두세 소리에 사람의 나이가 바뀌고
매화 네댓 송이에 세상은 바야흐로 봄이로구나

爆竹二三聲人間改歲 (폭죽이삼성인간개세)
梅花四五點天下皆春 (매화사오점천하개춘)

춘련(春聯) 문구 중 하나다. 음력 설날, 길하고 상서로운 문구를 종이에 써 대문에 붙이는 것이다. 춘련은 송나라 이후 중국에서 유행하였고 명나라의 주원장은 설마다 모든 민가에 붙이도록 명했다. 공부가 짧아서 이 문구 저자는 아직 모르겠다. 봄의 전령사가 매화인 것을 이 춘련은 잘 읊었다.

사진 1. 서귀포 걸매생태공원 매화와 동박새. 2022년 2월 11일.
사진 2. 작품 「백매」.

앞글에서 말했듯이, 2022년 2월 초순이 되자 여러 뉴스에서 서귀포 매화 소식을 전했다. 전년보다 8일이 이르단다. 본토에는 1월에 혹한이 많았다. 반면, 이 겨울 제주는 평년보다 따스했나 보다. 제주시 쪽 꽃소식도 들려온다. 기상청에서 공적으로 관찰하는 제주시 매화나무가 있다. 그 나무에 맺힌 꽃봉오리 20% 이상도 꽃을 피웠다 한다. 제주시 지역 매화 공식 개화일로 결정된다. 이것도 작년보다 8일이 이르단다.

2월 12일, 모처럼 구름 한 점 없이 화창한 날씨가 펼쳐졌다. 서귀포 중심가 중앙로터리에서 600여m 서쪽에 있고, 천지연폭포에서는 상류로 겨우 200~600m 사이에 걸쳐있는 걸매생태공원을 찾았다. '걸매'란 '물도랑이 자주 막히거나 메워져 있는 곳'이란 뜻이다. 홍수 때나 터질까, 물이 고이는 장소다. 천지연폭포로 떨어지는 물은 이곳을 지난다. 이곳 역시 천지연폭포 인근으로 규모가 큰 화산분화구 속에 자리한 하논 습지대와 함께 벼농사를 짓던 곳이었다. 활짝 핀 매화에 빛이 쏟아지고 있었다.

작년 봄부터 매화를 내 사진 작품 소재의 하나로 삼았다. 묵향이 배어 나오는 매화도를 사진기로 치고 싶어졌다. 조선 후기 문인 화가들 걸작처럼 나도 매화를 사진기로 멋지게 쳐낼 수 있기를 소망했다. 매화는 사군자인 매, 난, 국, 죽 가운데 우선이고 으뜸이다. 조선 중기 신흠은 "매화는 한평생을 춥게 살아도 향기를 팔지 않는다."라고 했다.

조선 시대 선비들은 겨울 추위를 견디는 매화가 지조와 의리라는 선비정신과 닮았다고 여겼다. 선비들은 겨우내 기다린 매화를 찾는

사진 3. 작품 「설중홍매」.

여행을 떠나기도 했다. 그런 여행, 겨우내 기다렸던 매화를 찾아 나서는 탐매여행은 아니었다. 2017년, 나는 산청 3매를 모두 보았다. 스승이신 권혁재 선생님과 함께하는 '무한답사팀'을 따라서 봄에는 경남 산청군 단속사지 정당매를, 가을에는 산청군 남사예담촌 원정매와 산청군 시천면 산천재 남명매를 찾았다. 이때는 함철훈 선생님 문하에서 사진을 배우기 전이다. 그러니 같은 해에 산청으로 두 번이나 답사를 갔다 왔을지언정, 매화 필 시기에 다시 갈 생각하지는 않았다. 내가 사진예술가가 되어서 고매에 핀 매화의 아름다움을 그려낼 생각은 감히 못 한 것이다.

정당매는 속세와 단절한다는 이름인 산청의 단속사지에 있다. 정유재란 때 불에 타 소실된 단속사(斷俗寺) 옛터다. 산청 남사예담마을에서 1001번 지방도로로 산청읍 방향으로 가다 보면 단속사지가 나온다. 지리산 자락인 이곳 산청군 단성면 운리에 그 고즈넉한 터가 남아있었다. 여기에 642살까지 살았던 매화나무가 있었다. 10년 전인 2014년에 고사했다. 내가 더 일찍, 정당매가 살아 있을 때 가보았으면 좋았을 것인데 아쉽다. 고려 말 강회백 선생이 단속사에서 공부하던 소년기에 심은 나무라 한다. 강회백 선생 벼슬이 고려 우왕 때 종2품 정당문학이었기에 정당매라 부른다. 2010년에 이 정당매 원뿌리 주위에서 3개의 곁가지가 자라났다. 2014년에 이르자 정당매가 완전히 죽었다. 이제는 그 곁가지에서 길러낸 후계목을 심어서 정당매의 명맥을 이어가고 있다.

사진 4에서 정당매 후계목 뒤로 보이는 비각은 정당매각(政堂梅閣)

사진 4. 고사한 정당매의 죽은 가지와 후계목 가지가 뒤엉켜 있었다. 2017년 5월.

사진 5. '한국에서 가장 아름다운 마을 제1호, 남사예담촌' 지리답사에 동행했던 사랑하는 제자들. 2017년 10월.

이다. 이 비각 안 비석에 강회백 후손이 지은 매화와 관련된 시가 다음과 같이 적혀 있다.

聞香千里古山來 (문향천리고산래)
萬疊頭流一樹梅 (만첩두류일수매)
如荅雲乃追慕意 (여답운내추모의)
滿天風雪爛然開 (만천풍설난연개)

향기 찾아 천 리 길 옛 고향에 찾아오니
첩첩한 두류산에 한 그루 매화가 서있네
구름도 추모의 뜻을 표하듯 두둥실 흐르는데
하늘 가득한 눈바람 속에서도 아름답게 피었구나

'원정매'는 고려 말 원정공 하즙(1303~1380)이 살았던 산청 남사예담촌 하씨 고택 마당에 있는 매화나무다. 이 남사예담촌은 지리산으로 향하는 길목인 경남 산청군 단성면에 있다. '사단법인 한국에서 가장 아름다운 마을 추진본부'가 제1호로 지정한 전통 한옥 마을이다. 3.2km에 이르는 토석 담장은 국가등록 문화재다. 남사예담촌 홈페이지에 보면, '예담'은 고즈넉한 담장 너머 우리 전통 한옥의 아름다움을 엿볼 수 있어 표면적으로는 옛 담 마을이라는 의미를 담고 있으며, 내면적으로는 담장 너머 그 옛날 선비들의 기상과 예절을 닮아가자는 뜻을 가진다고 한다. 안동 하회마을과 더불어 대표적인 전통 한옥 마을이다.

이곳 원정매는 정당매보다 7년을 앞서서 2007년에 고사했다. 당시까지는 수령 680여 년을 자랑하던 한국에서 가장 오래된 매화나무로 알려졌었다. 지금은 고사한 어미 나무뿌리에서 돋아난 뿌리 하나에서 난 가지가 봄이면 다시 꽃을 피우고, 곁에 떨어진 씨앗이 발아돼 자란 자식 나무에서도 매화가 핀다. 매화나무 앞 비석에 하즙이 쓴 영매시(詠梅詩)가 새겨져 있다.

舍北曾栽獨樹梅 (사북증재독수매)
臘天芳艶爲吾開 (납천방염위오개)
窓讀易焚香坐 (창독이분향좌)
未有塵埃一點來 (미유진애일점래)

집 북쪽에 일찍이 매화 한 그루 심었더니
찬 겨울에 아리따운 꽃망울 나를 위해 열었네
창가에 글 읽으려 향 피우고 앉았으니
세상의 속된 기운 한 점도 오지 못하네

원래의 원정공 고택은 동학농민운동 때 불에 탔다. 그의 31대손 하철이 집을 새로 지어 '분양고가(汾陽古家)'라 이름 지었다. 본채 마루 한가운데에 원정공의 옛집이라는 뜻의 '원정구려(元正舊廬)'라는 붉은 글씨 현판이 걸려있다. 석파 대원군이 쓴 글씨다. 대원군이 언젠

사진 6. 원정매. 2017년 10월 촬영.

사진 7. 2017년 10월 답사 시 촬영한 산천재 남명매.

가 이 집에 와서 하루를 묵으며 써 준 글이다.

마지막으로 산청군 시천면 남명 조식 유적지인 산천재를 찾았다. 이곳 '남명매'는 아직도 원가지에서 꽃을 싱싱하게 피워낸다. 이 매화나무는 남명 조식 선생이 후학 양성을 위해 세운 산천재에서 61세이던 1561년(조선 명종 16년) 직접 심은 것으로 전해진다. 올해로 수령 461년이다. 밑동에서 세 갈래로 갈린 줄기들은 뒤틀리며 위로 뻗었다. 사군자화에서 많이 본 모습 같다. 여전히 비교적 건강하다. 3월이면 탐매객들이 많이 찾는 매화나무다. 나는 사군자 중 으뜸 되는 매화를 사진기로 치는 작업을 한다. 빛으로 매화를 그리며 흠 많은 내가 고결한 매화의 성품을 닮아가면 좋겠다.

4.

제주도 기후 이야기

한 달 살기 좋은 제주 남원읍 겨울 기후

: 예보와 달리 뻥 뚫리는 서귀포시 남원읍 겨울 하늘

서귀포시 남원읍은 본토와 달리 겨울에 따스한 곳이다. 한라산 북사면은 차갑고 세찬 겨울 북서풍을 고스란히 맞아 산이 만드는 지형성 구름에 자주 덮힌다. 그 한라산 남동사면에 자리한 남원읍은 북사면에 자리 잡은 제주시 지역과 기후며 꽃 계절이 다르다. 기후학자인 내가 날씨와 일기예보에서 알려주는 수치나 하늘이 맑거나 흐리다는 운량 정보에 관심을 가지는 것은 자연스러운 일이다. 게다가 올해는 가능한 전시회를 열고 프로사진가로서의 길을 준비하기에 운량 정보는 어디서 어떤 작품을 만들어낼지 구상함에 꼭 필요하다. 좋은 사진가가 되고 싶어 일기예보에 관심을 쏟는다. 어디를 지나치다 우연히 아름다운 것을 발견하고 작품을 만들 수도 있다. 보통 프로사진가들은 심상에 미리 그린 작품에 합당한 시공간을 찾아가서 빛으로 그 주제와 배경을 그려낸다. 같은 장소와 시각이라도 눈, 비 올 때와 하늘이 흐릴 때와 맑을 때 각기 다른 작품으로 만들어진다. 함철훈 사진가님 제자답게 가끔은 바람을 주제로 스틸사진을 만든다. 풍속 정보는 매우 중요하다. 유화는 유화물감이 재료고 사진은 하나님이 창조하신 빛(포토)이 재료다. 그 빛으로 빛 되신 주님의 시선을 닮아가면서 사람들과 세상의 아름다운 것들을 스틸사진에 담아가고자 한다. 한 편의 시와 같은 스틸사진을 만들려고 한다. 어느 날의 빛과 바람에 대한 정보를 얻을 수 있는 시간당 일기예보는 사진가인 내게 소중하다.

사실 한라산 같은 거대한 산체가 공기의 흐름을 가로막고 사방이 바다인 제주에서 일기예보는 쉽지 않을 것이다. 시간당 예보를 생산하여 포털 등에 제공하는 일기예보회사(기상판매회사)를 비방할 목적은 추호도 없다. 우리 생활에 도움을 주기 위하여 오늘도 묵묵히 연구하며 더 좋은 일기예보를 제공하려고 노력하는 모든 분께 감사할 뿐이다.

다만 이상하게, 제주에 와서 살기 시작한 2021년 12월 중순부터 2022년 1월 27일까지 남원읍 겨울 하늘은 예보와 달리 뻥 뚫린 날이 많았다. 기후학자의 한 사람으로서 예보와 자주 다른, 이러한 한라산 남사면 기슭 남원읍 날씨가 신기하고 재미있었다. 그럴 때마다 하늘 사진을 찍었고 메모했다. 흐리다고 해도 맑아서 겨울에 더욱 따뜻한 서귀포시 남원읍의 날씨와 기후 특색을 알려주고 싶었다. 분석 기

사진 1. 2022년 1월 2일 오전 남원읍 신례리 신례교회 인근에서 촬영한 한라산 남사면 풍경. 한라산 고지대는 구름에 덮이고 남원읍에는 화사한 햇살이 내린다.

간은 12월 27일부터 1월 26일까지 31일간이다. 이 기간 내 온종일 흐리다고 예보된 날이 15일로 절반이다. 그날들 가운데 거의 '온종일 맑음이었던 날'로 사진을 찍어 여기에 소개한 날수가 무려 12일(80%)이다. '흐림'의 예보 적중률은 겨우 20%에 불과했다. 사진 1을 보면 백록담은 구름에 쌓여있고 남원읍은 맑고 햇살이 강하다. 겨울철 북풍한설을 막아주는, 높고 옆으로 긴 한라산지로 인하여 남원읍 국지 일기예보를 잘하기에는 어려움이 있을 것 같다. 다음은 그러했던, '흐림' 예보에 맑았던 날짜별 풍경 사진과 남원읍 날씨 이야기다.

: 2021년 12월 27일

사진을 보면, 백록담 등 한라산지의 정상부와 북사면 중산간 지역 능선에서 북서풍을 타고 구름이 흘러 넘어오고 있다. 한라산이 북서풍과 구름대를 가로막은 남원읍 일대는 하늘이 뚫려있다. 이날 '온종일 흐림'으로 예보되었지만, 남원읍 하늘은 이렇듯 간간이 흰 구름은 흘러가도 종일 맑았다.

사진 2. 12월 27일 흐림과 비 예보.
사진 3. 당일 남원읍 쇠소깍 예촌망 오름 인근에서 촬영.

: 2021년 12월 28일

'흐리다가 오후엔 비'로 예보되었지만, 남원읍의 하늘에는 전날과 마찬가지로 간간이 흰 구름만 흘러갔다. 온종일 맑았다. 사진 5에는 멀리 해안가에 섶섬이 보인다. 사진 좌측에 평평히 보이는 섬은 지귀도다. 북서풍을 타고 애월, 고산을 지나 구름이 흘러 넘어온다. 그래도 남원읍 하늘은 맑다. 한라산이 북서풍과 구름대를 병풍처럼 가로막고 선 남원읍 일대 하늘은 뚫린다.

사진 4. 12월 28일 흐림과 비 예보. 사진 5. 남원읍 위미항 인근 올레 5코스 길에서 촬영(오전 10:13). 우측 먼 해안가에 섶섬이 보인다. 위 오른쪽 사진 6. 올레 5코스 위미항~큰엉 구간에서 촬영(오전 10:32). 아래 왼쪽 사진 7. 남원읍 동백수목원에서 촬영(오전 11:36). 아래 오른쪽

: 2021년 12월 30일

남원읍 공천포 집 마당에서 오전 9시경에 바라보니 한라산 백록담 부근만 구름에 감싸여 있다. 한라산이 북서풍과 구름을 가로막아서 생기는 지형성 구름대로 인해서 아마도 제주시 지역은 예보대로 흐린 날씨를 보일 것이다. 남원읍 일대는 예보와 달리 온종일 맑고 화창했다. 일기예보의 예상 기온보다 느낌상 더 따뜻했다.

사진 8. 12월 30일 '흐림' 예보.

사진 9. 남원읍 공천포 살림집 마당에서 촬영(오전 9:35). 남원읍 하늘은 맑다.

: 2021년 12월 31일

2021년의 마지막 날 낮 예보는 '흐림'이었다. 제주시는 흐릴지라도 한라산지 남동쪽인 남원읍 하늘에는 구름이 없다. 이날 남원읍과 맞닿은 쇠소깍 인근 서귀포시 하효동에서 오후에 채운을 촬영했다(사진 11). 사진에서 예리한 전선을 만들며 나타난 낮은 구름대보다 높은 곳에서 과냉각된 수증기에 빛이 산란하여 일명 '자개(나전)구름'인 채운이 만들어졌다. 알래스카나 스코틀랜드, 스칸디나비아와 같은 고위도 지역에서 주로 관찰되는 이 자개구름은 서귀포에서는 이채로운 것이다. 12월 31일은 동지와 가까운 날이다. 북위 33°에 자리한 서귀포가 지구 지축 기울기 23.5°를 더하면 한겨울에는 마치 북위 54°~71°인 알래스카 지역 태양 입사각과 유사해지는 효과를 보이는 시즌이기는 하다. 무지개는 기독교에서 창조주 하나님과 사랑 회복에 관한 언약의 상징이다. 1년을 마무리하는 저녁을 맞이할 시간대에 집 근처 노상에서 만난 채운은 주님이 내게 주시는 선물 같았다. "내가 세상 끝 날까지 너와 함께할게. 너의 글과 사진 작업이 나를 예배하도록 내가 도와줄게!"라고 말씀하시는 것 같아서 행복했다. 빛을 창조하시고 빛 되신 주님을 빛으로 그리는 사진과 글로 제주에서 예배하는 2022년 새해를 맞이할 희망을 희귀한 채운을 통해 보았다.

예보가 틀려서 채운을 보았다. 이날도 예보와 달리 낮 동안에 사진처럼 하늘이 맑았다. 겨울철 서귀포 남원읍은 그 양옆으로는 북에서 남으로 구름이 흘러가더라도 이곳 하늘은 뚫리는 축복받은 지방임이 틀림없다.

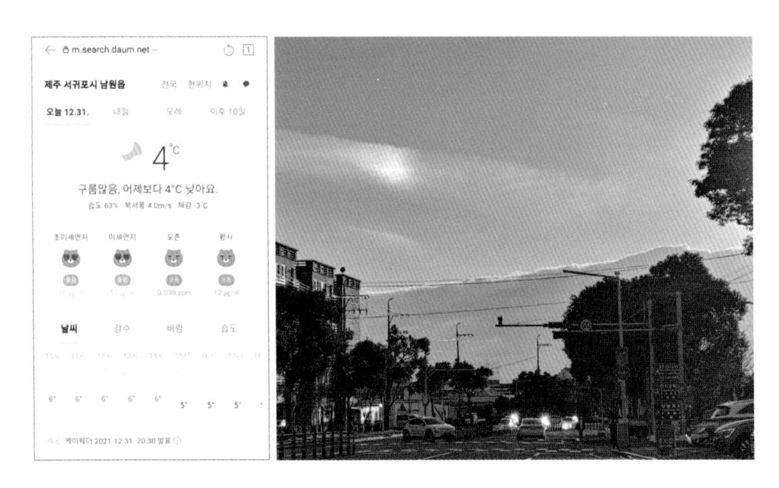

사진 10. 12월 31일 낮 시간 내내 흐림 예보.

사진 11. 남원읍과 맞닿은 서귀포시 하효동 일주동로에서 촬영한 채운(오후 4:49).

: 2022년 1월 8일

정오경, 한라산을 양옆으로 우회하여 남하한 구름대는 서귀포 앞 먼바다에서 다시 만나고, 남원읍 일대에는 큰엉 해안을 포함해서 햇살이 내린다(사진 13). 남원읍 금호리조트 올레길 주차장에서 파노라마로 찍은 사진을 보면 먼바다와 주변을 빼고 남원읍 일대는 맑은 하늘이 열려있다(사진 14). 거듭 말하지만, 이 남원읍은 정녕 겨울철에 하늘은 뚫리는 축복받은 곳 같다.

사진 12. 1월 8일 '흐림' 예보.

사진 13. 남원읍 해안경승지 큰엉에서 촬영(오후 12:50). 먼바다 빛 내림이 예쁘다. 위 오른쪽

사진 14. 남원읍 금호리조트 옆 큰엉 주차장에서 촬영(오후 1:00, 파노라마로 촬영). 하늘에는 더러 구름이 있지만 화창하다. 아래

: 2022년 1월 12일

일기예보는 '흐림'이지만 빨래를 해서 마당에 널었다. 정오경이다. 한라산 백록담 일대는 구름에 싸여 있다. 저 멀리 한라산지를 옆으로 비켜서 통과한 구름이 남쪽으로 흘러가는 모습이 보인다(사진 16). 구름 열(운열)을 보니 북풍에서 북서풍이 느껴지는 구름 모양이다. 그래도 남원의 하늘은 뻥 뚫려있다.

사진 15. 1월 12일 '흐림' 예보.
사진 16. 공천포 집 마당에서 서쪽으로 촬영(오전 11:50). 하늘만 맑다.

: 2022년 1월 13일

지인 가족이 공천포 집을 방문한 날이다. 오후에는 '비'까지 예보되었다. 오후 4시 43분에 공천포의 집에서 출발하며 보니 한라산지 북쪽에서 성산 일출봉 방향으로 흐르다가 남쪽으로 선회하는 구름대의 선형이 선명하다(사진 19). 비가 올 것이라는 그 시간에 찍은 것이다. 바람은 세찼지만 하늘은 맑았다. 집에서 가깝고 12월 관광지로 유명한 동백수목원을 방문했다. 어린 자녀들이 있기에 비가 오면 포기할 일정이었다. 한겨울에 화사한 남원의 동백꽃 군락지를 볼 수 있었다. 오후 5시경 남원읍 동백수목원 일대의 하늘은 맑다(사진 18). 한라산지를 옆으로 비켜서 통과한 구름이 서귀포 먼바다에서 만나고 있다. 서쪽 모슬포에서 동쪽 성산포까지 서귀포 하늘은 뻥 뚫려있다.

사진 20은 남원읍 위미항 근처에서 빛 내림이 보이는 서귀포 섶섬 방향 서쪽 하늘을 바라보며 촬영한 것이다. 서쪽 하늘의 구름대는 모슬포를 지나 역시 남쪽으로 흘러간다. 30분 전 동쪽 하늘에서 남쪽으로 구름대가 흘러간 사진 19와 완전히 대비된다. 서귀포(남원읍)의 동서에서 남쪽으로 흘러간 두 구름대는 동백수목원에서 찍은 사진 18에 나타난 것처럼 남쪽 먼바다의 구름대로 모여들고 합쳐졌다. 결과적으로 역시 '흐리다'는 오늘도 남원읍 일대의 하늘만 맑다. 공천포에서 사진 19를 찍은 오후 4시경에는 '비'가 오고, 5시경에는 다시 '흐림'으로 예보된 날이었다. 일반적으로 겨울에 바람이 적고 바람이 약한 남원읍이다. 이날은 마치 여기가 제주 북서 지방 애월인 양 초속 6~7m의 센바람이 남원읍에 불었다.

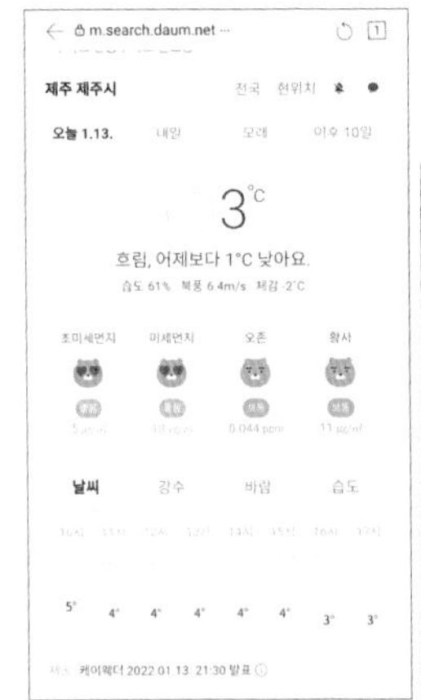

사진 17. 1월 13일 '비'와 '흐림' 예보.

사진 18. 남원읍 동백수목원에서 촬영(오후 5:43). 아래 사진 19와 사진 20에 나타난 구름대는 이 사진에서 남쪽 먼바다 구름대로 모여들어 합쳐진다. 결과적으로 남원읍 일대 하늘만 뚫렸다. 위 오른쪽

사진 19. 남원읍 공천포구에서 동쪽으로 위미항과 큰엉 해안을 보며 촬영(오후 4:43). 남원읍 지역 하늘만 뚫렸다. 한라산지를 옆으로 휘돌아 남쪽으로 흐르는 구름대가 이채롭다. 위미항 부근에서 약 30분 후에 찍은 사진(사진 20)의 서쪽에서 남쪽으로 흐르는 구름대와 완전히 대비된다. 아래 왼쪽

사진 20. 남원읍 위미항 근처에서 서쪽 서귀포 섶섬 방향을 바라보며 촬영(오후 5:15). 한라산지를 비킨 구름대가 모슬포를 지나 남쪽으로 흐른다. 이날 섶섬 뒤편 빛 내림이 장관이었다. 아래 오른쪽

: 2022년 1월 14일

모처럼 눈 덮인 백록담 일대가 그 자태를 완연히 드러낸 오전이었다. 한라산 북사면 지대인 제주시 지역도 구름 한 점 없어 보인다. 일기예보는 온종일 '흐림'이었다. 오늘은 제주시 지역까지 제주섬 전체에 겨울 하늘이 맑고 푸르다.

사진 21. 1월 14일 온종일 '흐림' 예보.

사진 22. 공천포 집 마당에서 백록담 방향으로 촬영(오전 11:01). 모처럼 산 너머 제주시 지역까지도 맑아 보인다. 며칠 전 내린 눈에 백록담 일대는 설산을 이루었다.

: 2022년 1월 16일

제주공항 다녀오는 길에 한라산 1100고지를 넘었다. 사진 25는 오후 2시경 서귀포 중산간 지역 산록남로에서 백록담 방향으로 찍은 사진이다. 한라산 주 능선을 넘는 구름은 남사면으로 진입하자마자 햇살 받아 따뜻해진 공기를 만나 소실되고 있다. 이날 제주시 지역에서는 실제로 온 하늘(전천)이 흐렸지만 거짓말처럼 서귀포는 맑았는데, 그 이유를 설명해주고 있다. 산에서 내려와 공천포 집에 와도 남쪽 하늘까지 온 하늘이 푸르고 푸르렀다. 일기예보는 온종일 '흐림'이었다.

이날의 제주시 지역 하늘 풍경 사진에 대해서는 뒤쪽 '제주시는 흐린데 서귀포 남원읍은 밝은 어느 겨울날'(☞ 131쪽)에서 별도로 기술했다. 거기에 쓴 대로 이날 눈썰매장을 이룬 1100고지까지는 하늘이 흐리고 운무마저 자욱했다. 1100고지 고개를 넘어 서귀포 지역으로 들어서니 단 몇 분 만에 사진 25처럼 구름이 없다. 갑자기 하늘이 맑고 눈부시게 푸르다. 내 전공이지만 신기하다.

사진 23. 1월 16일 '흐림' 예보.

사진 24. 쇠소깍 부근 일주동로에서 북으로 한라산지를 바라보며 촬영. 한라산 남쪽은 맑다(오후 3:01). 능선에서 소산되는 구름대가 보인다. 위 오른쪽

사진 25. 산록남로 제2 산록교 부근에서 백록담 방향으로 촬영(오후 2:26). 한라산의 주 능선을 넘는 구름은 남사면으로 진입하자마자 햇살 받아 따뜻해진 공기를 만나 소실되어 없어지고 있었다. 아래 왼쪽

사진 26. 공천포 집 마당에서 동남쪽 하늘을 보며 촬영(오후 3:13). 구름은 한라산지 능선에서 소실되었고 하늘이 맑다. 아래 오른쪽

: 2022년 1월 18일

일기예보는 온종일 흐리다는데 아침부터 온 하늘이 청명하다. 공천포 집 지붕 너머로 눈 덮인 백록담이 선명히 보인다. 아직은 구름 한 점이 없다(사진 28). 이날은 간간이 몇 장을 더 찍어 기록했다. 정오경부터는 약간의 구름이 생기고 흘러갔지만 온종일 청명한 겨울날이라 하겠다.

올레 5코스 중에서도 예쁜 '공천포~망장포~예촌망오름~쇠소깍' 구간 산책을 나섰다. 아내는 더운지 걷다가 얇은 롱패딩을 벗었다(사진 31). 일기예보에는 최고기온을 영상 5도로 예측했지만, 화창한 하늘로 햇살이 쏟아지니 흐린 날로 계산한 기온보다 꽤 더웠을 것으로 짐작된다.

사진 27. 1월 18일 '흐림' 예보

사진 28. 공천포 집 지붕 너머 북서쪽으로 백록담 방향으로 촬영(오전 8:56). 온 하늘이 청명하다.

사진 29. 공천포 집 마당에서 남쪽 바다 방향으로 찍은 사진(오전 11:33). 솜사탕 구름이 남으로 흘러간다. 11월 하순부터 핀 대문 쪽 첫 동백나무인 백공작 동백꽃에 이어 12월부터는 진분홍 애기동백꽃이 흐드러지게 폈다. 이 집에는 울담을 따라 수령 약 30년인 8종류의 동백 21그루가 있다. 11월부터 4월까지 6개월이나 꽃 대궐이 이어진다. 위 왼쪽

사진 30. 올레 5코스 가운데 '망장포~예촌망오름' 해안 길 구간에서 본 하늘과 바다(오후 3:43). 위 오른쪽

사진 31. 예촌망오름에서 쇠소깍으로 가는 올레길에서 벗은 패딩을 손에 걸치고 걷는 아내. 한라산 방향으로 촬영(오후 3:44). 아래 왼쪽

사진 32. 쇠소깍 검은 모래 해변 벤치에서 남쪽 하늘 보며 촬영(오후 4:41). 오후 들자 한라산지 넘어온 솜사탕 구름이 간간이 서귀포 남원읍 하늘을 건너 바다로 간다. 아래 오른쪽

: 2022년 1월 20일

정오경에 공천포 집 마당에서 찍은 하늘을 보면 이날을 흐린 날이라고 할 수는 없다. 일기예보와 달리 남원읍 일대 하늘은 맑았고, 저 멀리 먼바다 쪽으로는 한라산을 돌아 나온 구름이 흘러갔다.

사진 33. 1월 20일 '흐림' 예보.

사진 34. 공천포 집 지붕 너머 북서쪽 백록담 방향으로 촬영(오전 11:58). 백록담 주변을 구름이 목도리처럼 감싸고돌고 있다. 위 오른쪽

사진 35. 공천포 집에서 남서쪽 방향으로 촬영(오전 11:00). 전천이 맑다. 아래 왼쪽

사진 36. 공천포구 방파제에서 남동동쪽 바다 방향으로 촬영(오후 12:00). 멀리 바다로 불쑥 나온 곳이 큰엉 해안이다. 올레 5코스는 그 너머 남원항에서 시작, 여기 공천포구를 지나 쇠소깍까지로 한적하고 아름다운 길이다. 사진 좌측 빨간 등대 해안에는 영화 〈건축학개론〉 촬영지인 '서연의 집'이 있다. 아래 오른쪽

: 2022년 1월 26일

온종일 '흐림'으로 예보되었다. 실제로 오후 2시경에는 남원읍의 온 하늘에 구름이 끼기도 했다. 여기에 소개한, 지난 한 달 사이 흐림으로 예보되었지만 맑았던 날들 중에서 이렇듯 잠시 한두 시간이라도 온 하늘이 구름에 덮여보기도 처음이긴 하다.

사진 38에 나온 공천포 집 마당가 동백나무에 햇살이 쏟아진 것은 오전 11시 8분이었다. 보통 동백꽃은 시들기 전에 송이째 뚝뚝 떨어진다. 이 동백꽃은 본토에서 보던 것과 다르게, 꽃잎이 날려 떨어지는 별다른 동백나무에 달리는 꽃이다. 11월부터 꽃을 피울 수 있다. 한겨울에 꽃구경을 시켜줄 수 있다. 겨울이 오면 관광지로 각광받는 남원 동백수목원 모든 동백나무는 오직 이 한 종류다. 바로 애기동백이다.

오늘은 1월에 유채꽃이 한창이라는 산방산 지역으로 답사 겸 작품 사진 하러 갈 계획이었다. 그곳에 유채꽃이 활짝 피었단다. 오후 1시가 되자 전천이 구름으로 덮였다. 진짜 예보대로 계속 흐릴까 걱정되었다. 늘 그렇듯이 흐리다지만 맑은 날일 것으로 기대했다. 그래도 뭐 예보대로 날이 흐리면 흐린 대로의 작품을 만들자 생각하고 아내와 함께 산방산으로 나섰다. 산방산 유채밭에 도착하니 오후 4시 30분이었다. 그런데 웬일? 다시 날씨가 맑아져서 유채밭 위로 햇살이 쏟아진다. 유채밭이 밝은 햇빛으로 인하여 눈부시게 화사하다. 달력 사진 같은 풍경 사진이 카메라에 잡혔다.

일기예보와 관계없이 이날은 저녁 무렵에 다시 반짝 화창해진 것이다. 역시 괜한 걱정이었다. 산방산 지역은 서귀포시 서쪽이다. 남

사진 37. 1월 26일 '흐림' 예보.
사진 38. 공천포 집 마당 동백나무에 쏟아지는 햇살(오전 11:58).
사진 39. 당일 산방산 서쪽 유채밭에서 촬영(오후 4:33). 이 유채는 기름을 짜지 못하는 그저 겨울철 관상용이다. 기름 짜는 채유용 유채는 가시리 등지에서 3~4월에 꽃이 핀다. 일기예보와 달리 하늘은 맑다.

원읍은 서귀포시 시내와 동쪽으로 접한 곳이다. 산방산 지역과 겨울 날씨가 조금은 다를 수 있다. 산방산 지역은 제주섬의 서남쪽이기 때문에 겨울 북서풍과 그에 따라 한라산지 북서부에서 형성되는 구름 영향에서 남원읍보다는 덜 자유롭다. 그래도 이날에는 산방산 지역 역시 늦은 오후에 다시 맑아진 것이다. 서귀포 시가지 동쪽인 남원읍도 물론 예보와 달리 맑았다.

지난 12월 27일부터 관찰해 왔으니 이날로 딱 한 달째다. 남원읍은 이처럼 일기예보와 상관없이 하늘이 뚫리는 곳이라서 더 따스한가 보다. '겨울 제주 한 달 살기' 하기에는 더할 나위 없이 바람 적고 햇살 좋은 축복의 땅이다. 이 남원읍으로 인도하여 주신 주님께 감사하며 봄날보다 더 봄날 같은 겨울날을 보낸다.

바람 적고 약한 제주도 서귀포시 남원읍

안식년을 맞아 2021년 12월 중순에 아내와 제주도 서귀포시 남원읍 신례리 공천포로 '제주 1년 살기' 왔다.

제주도를 삼다도라 한다. 바람 많고 돌 많고 여자가 많다는 섬이다. 그래서 사람들은 제주도 전체가 다 바람 많은 줄 안다. 남쪽 바다에서 올라오는 여름철 태풍이야 한라산 남쪽인 서귀포 지역뿐만 아니라 육지(반도) 어디서나 함께 겪는 바람이고 잠시 지나갈 뿐이다. 많지도 않다.
제주에 바람이 많다는 것은, 물론 겨울에 애월읍 곽지해수욕장 사빈(비치)에서 잘 느낄 수 있다. 그곳 겨울철 북서풍은 참 매섭다. 사빈 모래가 날려서 얼굴을 때린다. 겨울 제주 애월 바람은 아주 세고 때로는 몸을 가누기 어렵게 한다. 제주는 겨울에 바람이 많은 것이다.

그러나 제주 전역에 다 바람이 많지도 않다. 서귀포 남원읍은 겨울에도 바람이 적다. 내복을 안 입어도 따뜻하다. 바람 없고 따뜻한 곳으로 가는구나. 가서 귀한 지리수필과 사진 작품 많이 만들고 오길 바란다.

제주로 이사 오기 며칠 전에, 대학 시절 스승인 권혁재 교수님을 덕수궁에서 만나 뵈었을 때 주신 말씀이다. 권혁재 선생님은 회사원이나 공무원이 되려던 나를 지리학자의 길로 인도하신 분이다.

10여 년 전부터 나이 먹은 제자들 몇몇과 현재 내 대학 제자 청년들 몇몇이 '선생님과 함께하는 답사팀'을 꾸려왔다. 우리는 80세가 넘은 선생님을 모시는 것이 아니라 여전히 따라다녔다. 20대에 반짝한다는 어떤 학문과 달리, 지리학은 시간이 갈수록 학문의 깊이와 너비가 깊어지고 커지는 학문임이 틀림없는 것 같다. 선생님은 1980년대에 학부 정기 지리 답사 하실 때 여관에서 그리하신 것처럼, 밤이면 밤마다 이젠 슬라이드 환등기를 대신한 여관방 큰 TV를 이용해서 답사지역 지리 이야기를 들려주셨다. 젊은 교수 시절 촬영하신 50년 넘은 답사지역 사진들과 현재 경관과 지리 이야기가 펼쳐졌었다. 선생님은 6개월마다 우리를 가르칠 재미로 사시는 분 같았다. 자정을 훅 넘기는 것은 기본이다. 졸린 제자들은 여관방 구석으로 모여들고 제자들이 잠이 들어도 모르는 체하시며 강의는 마냥 계속되었다. 봄과 가을로 한반도 여기저기 정기적으로 답사했다. 여전히 정정하신 권혁재

사진 1. 무한답사 시에는 밤마다 여관방에서 권혁재 선생님 강의가 있었다.
사진 2. 덕수궁에서 뵌 권혁재 선생님. 2021년 12월 9일.

선생님과의 이 정기 지리 답사를 우리는 '무한답사'라 부른다. '무한답사'가 코로나19로 중단되었다. 선생님을 못 뵌 지 2년이 넘었다. 제주 1년살이 목적 하나가 선생님의 『남기고 싶은 우리의 지리 이야기』(2004, 한국산악문화)와 같은 지리수필을 쓰는 것이다. 제주로 떠나오기 전에 선생님이 더 보고 싶었었다.

덕수궁에서는 만나자마자 소나무와 화살나무 등 한국의 나무 이야기를 해주셨다. 한국의 나무 이야기는 모처럼 만나는 제자에게 준비하신 '선물 보따리 지리 이야기'임을 눈치챘다. 덕수궁 경내에서 오래전부터 살아온 그 나무들을 함께 살피며 다녔다. 눈치를 보다 적당한 시기에 안식년을 맞이하여 제주도 서귀포 남원읍으로 1년간 제주도 지역연구와 지리수필, 그리고 제주의 인문과 자연을 대상으로 예술사진 창작하려고 이주해 간다고 말씀드렸다. 너무 좋아하신다. 『남기고 싶은 우리의 지리 이야기』를 모방할 것이라 했더니 더 좋아하셨다. 그러자 『한국지리』(2003, 법문사)를 저술하신 대학자께서 자연지리학 분야에서 기후학으로 박사학위를 취득한 이 못난 저자는 놓치고 살아온, '제주도 바람 이야기' 골자를 위와 같이 알려주신 것이다.

공천포에 오자마자 제주 남원읍 바람을 느끼며 자료를 모았다. 지속해서 날씨를 관찰하면서 이 글을 쓰게 된 이유가 이것이다. 선생님이 덕수궁에서 가르쳐주신 내용은 기후지리학적으로, 학술적으로도 대단히 중요한 것이었다. 명색이 기후학자인 나나 그 어떤 다른 분이나 남원읍 제주 바람에 대하여 구체적으로 다룬 적이 없는 것으로 안다. 한 달여 살아보니 단순히 수치상으로 살피며 제주 전체가 바람이 많은 것으로 오해하거나 간과하지 않게 되었다. 제주도 서귀포시 남원읍 바람의 실제를 체득하게 되었다.

제주도로 이주한 날이 12월 16일이다. 권혁재 선생님 말씀처럼 지난달인 2021년 12월 중순과 하순에 서귀포시 남원읍은 실제로 따스했고 바람은 선선했다. 바람 적고 바람 약한 제주도 서귀포시 남원읍 공천포에서 나는 매서운 북서 계절풍을 피하고 따뜻한 한겨울을 난다. 한라산 남동쪽 남원읍과 한라산 북서쪽 애월읍 바람에 대한 선생님 말씀은 이번 겨울도 사실이고 우리 삶에 도움이 되고도 남는 살아 있는 지리 이야기다. 이에 한 달여 관찰한 자료를 소개한다.

: 제주도에서 바람의 분포

2012년에 나와 제자인 이성우 군은 제주도 전역 바람 분포에 관하여 연구한 후, 제주도 해안마을 전통가옥 울타리 돌담인 울담의 높이와 각 해안지방 바람 세기는 어떤 관계가 있을지 궁금해서 논문으로 발표한 적이 있다. 그림 2가 그때 만든 제주 바람 지도다.

이 연구에서 우리는 제주도 전역 바람 세기를 수치상으로 계산해서 표현했다. 이때 나는 제주도에는 다 바람이 많고 단지 마을마다 다소의 차이가 있는 줄로만 알았다. 마을마다 울담 높이 차이를 연구한다면서도 바람이 없거나 약한 마을도 있을 것이란 생각은 해보지 않았다. 거기서 살아보거나 답사하며 현지 주민과 대화하지 않고 실내

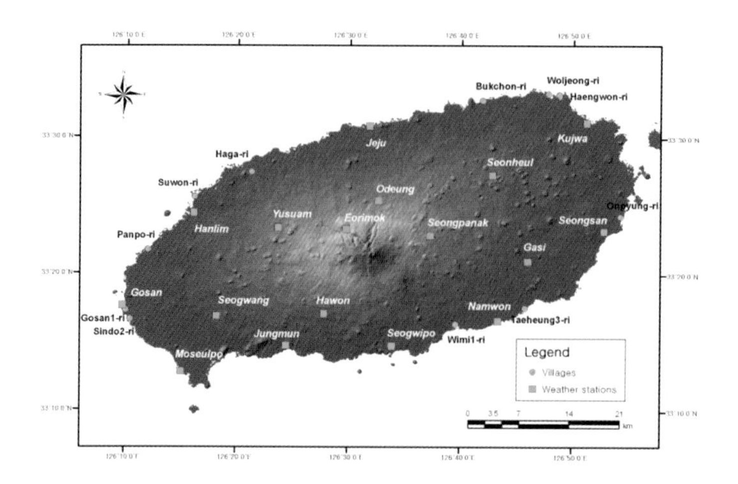

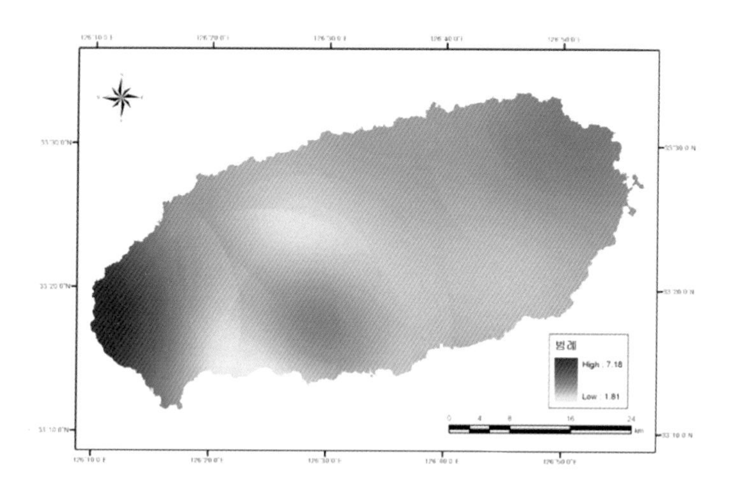

그림 1. 서귀포, 고산, 제주시가지 기상관측 지점 위치도. 위

그림 2. CoKriging(해양도 변수)을 활용하여 구축한 제주도의 평균 풍속(2000~2009년 자료) 바람지도. 아래

출처 : 이성우 & 김만규, 2012, 「제주도 해안마을 울담의 높이에 관한 연구」, 『대한지리학회지』 제47권 제3호.

에서 수치만 다룬 것이다. 지리학은 발로 한다는데 기본이 부족했다. 서귀포 시가지에 인접한 동쪽인 남원읍 공천포에서 한 달을 살아보니 정말 아니다. 살며 느끼는 것은 다소간의 숫자적 차이로 받는 인상과 너무 다르다. 여긴 바람이 약하다. 바람이 많지도 않다. 한라산이 바람은 물론 구름도 막아주어 화창한 날이 많고 따뜻하기까지 하다. 선생님 말씀대로 추위에 강한 분은 내복이 필요 없겠다.

'바람 많은 섬 제주'라는데 내가 사는 서귀포 남원읍에는 진짜 바람이 적고 약하고 부드러울까? 기후학자로서 호기심이 발동했다. 기상청 관측 수치를 이용해 간단한 바람 분석 자료를 만들었다. 우선, 기상자료를 제공받을 수 있는 곳 중에서 한라산 남사면 자락에 자리 잡은 서귀포와, 서귀포와는 지형기후 지리적으로 대비되는 한라산 서사면 자락과 북사면 자락에 있는 고산과 제주(시가지) 관측소를 대상으로 선정했다. 제주도 기상 관측지 중에서 고산 지방과 제주시가 바람이 많을 것은 틀림이 없을 것이기에 서귀포(남원읍)와의 비교대상지로 적당하다고 봤다. 이 세 곳을 대상으로 바람이 오는 방향(풍향)과 풍량과 풍속을 직관적으로 인지함에 도움 되는 바람장미를 만들고자 했다. 지난 10년간(2012~2021년)의 매년 12월 제주도 바람 자료는 기상청 기상자료 포털에서 얻을 수 있다. 이 시기는 바람 많은 섬 제주에서도 사람들이 바람이 가장 세고 많다고 느낀다는 매서운 북서 계절풍이 불어오는 한겨울로 접어든 시기다. 그런데도 바람 적고 약한 넓은 지역이 있는지 살펴볼 분석 기간이 될 것이다.

기상청에서 얻은 자료를 토대로 그림 3처럼 서귀포 바람장미를 만

서귀포 바람장미

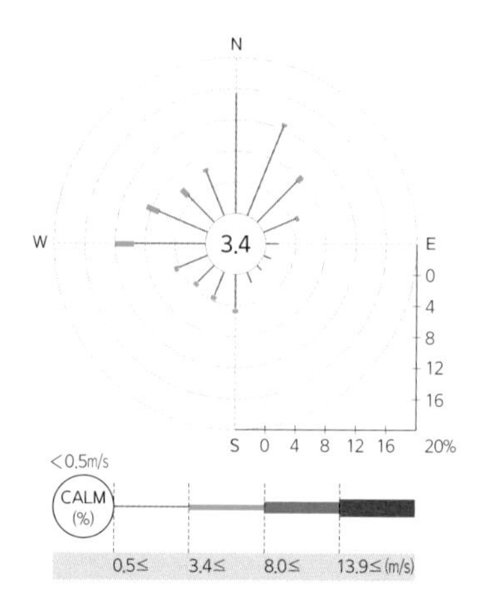

그림 3. 최근 10년간 서귀포 관측소 자료로 만든 서귀포 12월 바람장미.

들어보니까, 이곳 서귀포시 남원읍 신례리 공천포구에서 2021년 12월 중순부터 한 달여 살면서 체감한 '어! 바람이 없네, 약하네~'라는 느낌은 실제였다. 서귀포에서는 12월임에도 약한 바람인 남실바람(초속 1.6~3.3m)과 실바람(초속 0.3~1.5m) 합이 무려 87.8%를 차지한다. 실바람은 가장 미약하여서 풍향계는 움직이지 않고 굴뚝 연기나 날리는 것으로 표현되는 바람이다. 한겨울인 12월 바람임에도 선선하고 온화한 바람이라 아니 할 수 없다. 지난 10년간 12월에 풍속이 초속 3.4~7.9m 이내인 바람(산들바람이나 건들바람)도 서귀포에서는 많지 않았다(8.8%). '바람 많은 제주'라는데 서귀포에 오지 않는 흔들바람(초속 8~10.7m), 된바람(초속 10.8~13.8m), 센바람(초속 13.9~17.1m)과 그 이상의 바람들은 어디로 불고 어디로 간 것일까? 풍향 면에서도 서귀포에서는 한국 겨울철 탁월풍인 북서풍이 오히려 약하고 적다. 지난 10년간 12월에 북풍(15.5%)이나 북북동풍(12.8%)이 많은데 이들은 풍속이 약한 실바람이나 남실바람이다. 서풍(11.9%)도 적지 않다. 이 서귀포 서풍에는 한라산을 넘어와 힘이 부친 북풍 남실바람보다는 풍속이 약간 더 높은 산들바람도 섞여 있다. 제주시 한경면 고산과 그 옆 한림, 애월에서 많이 부는 센바람인 북북서풍이나 북서풍과는 풍향과 강도가 꽤 다르다.

거대한 한라산체에 가로막혀서 고산과 애월 곽지로 불어오는 차갑고 세찬 센바람과 노대바람으로서의 북서풍이 서귀포로 들어올 길은 없는 것이다. 세찬 겨울 북서풍은 한라산에 가로막혀 산들바람이나 남실바람으로 순화되고 한라산을 옆으로 돌아 순한 서풍이 되어 서귀포로 온다. 내가 글을 쓰며 거주하는 서귀포 시가지 동쪽인 남원읍 공천포로는 필경 이 관측소가 있는 서귀포 시가 지역에서보다 더욱 부드럽고 선선한 겨울바람이 되어 불어올 것이다. 이렇듯 10년 치 실측정 바람 자료를 보니 확실히 서귀포시 남원읍에는 겨울바람조차 적고 약하다.

바람이 많다는 제주에서도 바람 많은 곳은 제주 서부 한경면 고산이다. 유명한 유네스코 지질공원 수월봉 정상에 기상대가 있다. 그림 4는 그곳에서 측정한 바람 자료로 만든 것이다. 이곳에서는 최대 풍속이 빨간색으로 표시되는 초속 13.9m(센바람, 초속 13.9~17.1m)를 넘는 날이 연간 80일이 넘는다. 가히 4일에 한 번꼴로 센바람이 스치

한경면 고산 바람장미

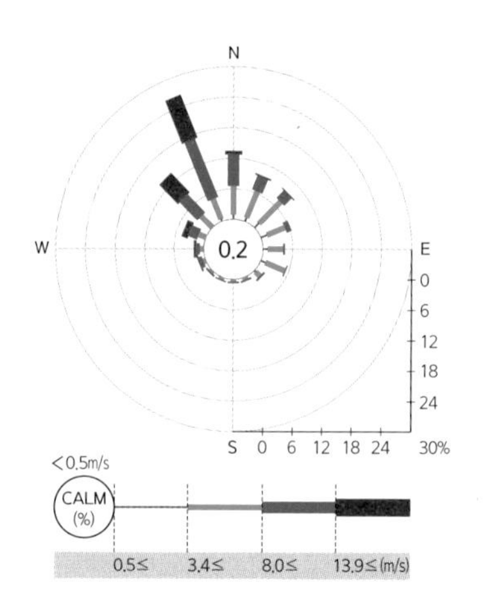

제주시가지(해안가) 바람장미

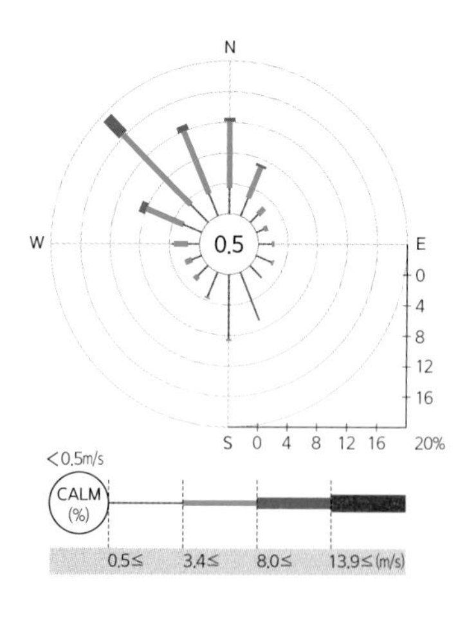

그림 4. 최근 10년간 고산 관측소 자료로 만든 한경면 고산 12월 바람장미.
그림 5. 최근 10년간 제주시가지(해안) 관측소 자료로 만든 제주시가지(해안가) 12월 바람장미.

는 곳이다. 지난 10년 측정한 바람 자료로 만든 12월 바람장미를 보니 북북서풍(26.2%)과 북서풍(13.5%)의 빈도가 아주 높고, 역시 빨간색인 센바람 빈도도 대단하다.

고산에서 동쪽으로 애월을 지나 제주공항 근처로 오면 센바람은 잦아든다. 흔들바람(초속 8~10.7m)이나 된바람(초속 10.8~13.8m)도 많지 않다. 지난 10년간 12월에 제주시가지에서 흔들바람과 된바람 합은 겨우 5.3%를 차지할 뿐이다. 그림 5 바람장미에서 청색으로 표시되는 바람이다. 제주시가지 바람 풍향은 역시 여전히 매섭게 차가운 바람이 들어오는 쪽인 북서풍이 탁월하다. 고산과 애월에서 가장 많은 북북서풍은 그 일부는 한라산을 넘어 서귀포로 가고, 일부는 한라산체에 부딪쳐 북서풍으로 바뀌고 조금은 순화되어 제주시가지로 불어와 직접 바다를 건너온 센 북북서풍과 섞인다.

제주공항 근처 시가지 지역에서는 산들바람(초속 3.4~5.4m)이나 건들바람(초속 5.5~7.9m)이 46.6%를 차지한다. 고산이나 애월보다는 바람세기가 좀 누그러든다. 약한 바람인 남실바람과 실바람이 이곳에서는 절반 가까운 47.6%를 차지한다. 그런데도 앞서 살펴본 서귀포에 비하면 바람이 세고 많다고 할 수 있다.

사람들이 제주에 바람이 많다고 말하는 것은 여름 바람은 아니고 겨울바람을 두고 하는 말일 것이다. 제주도 사람이건 외지인이건, 매서운 추위와 함께 체감되는 제주 겨울바람 기억이 사람들 뇌리에 깊이 박히게 된 결과일 것이다. 사람들은 일 년 내내 제주 어디서나 바람이 많은 줄 안다. 앞서 말한 대로, 나는 2012년에 제주도 10년 연평균 풍속 바람 지도를 만들었다. 그야말로 연평균치인 풍속지도였다. 이번에는 이상 살펴본 것처럼 최근 10년간(2012~2021) 매년 12월만을 대상으로 평균 풍속과 풍향 자료로 바람장미를 만들었다. 시간 해상도를 월 평균치로 낮추어 살펴보니 이야기가 전혀 달라졌다. 서귀포 바람장미 부분에서 살펴보며 말한 것처럼 '어! 바람이 없네, 약하네~'라고 내가 서귀포시 남원읍 공천포구에서 2021년 12월 중순부터 한 달여 살면서 체감한 느낌은 실제였다. 제주 오기 전에 단지 선생님에게서 배웠기에 가지고 온 선입견적 느낌이 아니라 살아보며 바람이 없거나 약하다고 느낀 것이 사실이라는 것을 지리과학적으로 확실히 알게 되었다.

결국, 바람, 돌, 여자가 많은 삼다도라는 말은 고산, 애월, 제주, 구좌 등 한라산 북사면 해안마을 사람들이거나 조선 시대 한양에서 제주목에 관리로 온 양반들이 오늘날 제주시가지 지역에서 느끼고 지어낸 말이라고 아니할 수 없다. 겨울 서귀포, 특히 남원읍은 바람 적고 따스하다.

제주시는 흐린데 서귀포시 남원읍은 맑은 어느 겨울날

2022년 1월 16일 남원읍 하늘도 그러했다. 모 포털에서 제공하는 일기예보에 서귀포시 남원읍은 오전에서 오후 4시까지 흐린 날씨라 했다. 역시 이날도 일기예보와 달리 온종일 남원읍 일대 하늘은 뚫려 있었다. 지리학에서도 세부 전공 기후학으로 박사학위를 취득한 나의 기억으로는 열에 일곱은 예보와 달리 남원읍 하늘이 맑았다. 흐리지 않았다. 지난 한 달 동안 여기서 살며 경험한 날씨가 그렇다.

1월 16일 이날은 남원읍에 와서 산 지 딱 한 달째인 날이다. 가족을 배웅하러 제주공항에 다녀왔다. 아침 10시 30분 즈음, 남원읍 공천포에 있는 집을 떠나며 한라산 방향을 쳐다보았다. 백록담까지는 온 하늘, 전천에 구름 없이 맑고 청아하다. 겨울 햇살에 기온도 예보치보다 따듯하게 느껴졌다.

사진 1. 왼쪽의 당일 일기예보와 달리 오른쪽처럼 2022년 1월 16일 오전 10시 30분경 서귀포시 남원읍 공천포 일대 하늘은 맑다. 자주 그렇듯이 지난 한 달간 열에 일곱은 이랬다.

시동 걸며 아내에게 여기는 맑아도 제주시 쪽은 구름 가득 흐리며 바람은 세찰 것이라고 말해주었다. 제갈공명이나 된 듯 그리될 것이라고 확신했다. 전공이 우리의 삶과 직접 관련되는 지리학자라서 이럴 땐 뿌듯하다. 한랭전선이나 온난전선이 동반하는 구름으로 제주도 전역이 덮인 날이 아니라면, 동계에는 북서풍과 북북서풍을 탁월풍으로 맞는 한라산 북사면에 자리 잡은 제주시 지역에는 바다를 지나오면서 습기를 머금은 공기가 한라산과 부딪쳐 만드는 지형성 구름이 빈번히 생성될 것이 일반적이기 때문이다. 한라산지로 다가온 북풍 계열 바람이 사면을 기어 올라감에 따라서 공기는 더욱 차가워진다. 항상 그런 것은 아니지만, 공기가 차가워지면 공기 중 기체였던 수증기가 액체인 물방울로 응결되면서 없던 구름도 만들어질 수 있다. 추운 날 입김이 서리거나 냉장고 안에 성에가 끼는 것처럼 그렇다. 반면, 한라산 남쪽 산자락 남원읍은 한라산이 겨울철에는 세찬 북서풍뿐만 아니라 구름마저 막아주는 곳이다.

이제부터는 서귀포시 남원읍 공천포구(오전 10시 27분) - 제주공항(11시 43분) - 1100고지(오후 1시 49분) - 서귀포 거린사슴전망대(오후 2시 10분) - 효돈동 쇠소깍 부근(오후 3시 1분) - 공천포 집 마당(오후 3시 13분) 순으로 제주공항을 다녀오면서 하늘을 주제로 촬영한 사진들과 구름 이야기다.

떠나며 예상했던 대로 제주공항에서 본 제주시 일대 하늘에는 먹구름이 가득했다. 가족을 배웅하고 다시 집으로 향했다. 1100고지 휴게소를 지나 한라산 남사면으로 넘어가기 전까지는 산구름이 만들어내는 운무마저 자욱했다. 산 아래와는 또 다른 세상이다. 한라산 고지대인 1100고지에는 며칠 전 내린 눈이 남아서 곳곳이 썰매장이 되어있었다. 지난 12월 하순 이후로 한라산에 평년보다 눈이 자주 내렸다. 차량 계기판 온도계로 보니까 한낮임에도 여기는 영하 2도였다. 요즘 이곳은 눈이 녹지 않아서 꼬마들에게 참 좋은 겨울 놀이터가 되어준다. 들리는 소식에 의하면 대형마트에는 눈썰매가 동이 났다고 한다. 고도가 낮은 중산간지대 오름들도 눈이 내리면 반짝 눈썰매장이 되지만, 눈 그친 다음 날이면 눈이 녹아 별 소용이 없다. 제주에 상설 눈썰매장이 없는 이유다.

한라산 1100고지를 지나 서귀포 방향으로 넘어와 해발 650~660m

사진 2. 예상대로 먹구름 낀 제주시(공항 일대)의 하늘. 2022년 1월 16일 오전 11시 43분.

사진 3. 2022년 1월 16일 오후 1시 46분(왼쪽)과 오후 1시 49분(오른쪽)에 찍은 운무 짙은 제주시 쪽 1100고지 부근 풍경. 눈이 오면 설경과 눈썰매를 즐기는 인파가 몰려 1100도로 옆은 주차장으로 변한다.

사이에 자리한 중산간지대 거린사슴전망대에서 바라본 서귀포 하늘은 쨍하게 청청했다. 불과 십여 분 사이에 자욱했던 운무와 구름은 어디로 사라져 간 것일까? 한라산 남사면 서귀포 하늘에는 언제 그랬냐는 듯 조각구름 하나 없다.

사진 4는 산록남로 제2 산록교 부근(해발 430~ 440m 사이)에서 한라산 정상부를 촬영한 것이다. 기후지리학적으로 가치 있는 풍경으로 보여서 갓길에 차를 멈추고 찍었다. 한라산 정상부 능선을 넘는 구름이 남사면부의 상대적 고기온(이슬점 이상 온도)으로 인해 증발하여 소실되고 있었다. 일반적으로 산을 넘은 공기가 아래로 내려오면 함께 온 지형성 구름은 단열승온 현상으로 사람 눈에 안 보이는 수증기로 증발할 것인데, 거기에 더하여서 남사면에 가득한 햇빛마저 받으니 구름 소실은 더욱 빨라진다. 하강기류가 공기밀도·대기압력 증가에 따라서 스스로 기온이 올라가는 현상을 단열승온(외부로부터 열 공급이 차단된 상태에서 기온이 올라감)이라 한다. 책에서 이론적으로 알고 배우던 지식이 오늘 한라산에서는 내 눈앞에서 펼쳐졌다.

사진 5를 보면 설산을 이룬 백록담 부근 너머로 구름이 살짝 보인다. 백록담에서 오른편 능선을 타고 내려오다 불끈 솟은 산성 같다는 성판악 너머에 자리 잡은 조천읍, 구좌읍 쪽 하늘에는 구름이 가득하다. 산 너머로는 북서풍에 밀리고 한라산 북사면에는 막혀 어쩔 수 없이 동쪽으로 흘러가는 구름이 가득하다. 산을 넘어 서귀포로 오는 구름은 소실되어 보이지 않는다.

이날은 이처럼 일기예보와 달리 서귀포시 남원읍은 온종일 맑았

사진 4. 산록남로 제2 산록교 부근에서 백록담 방향으로 촬영했다. 오후 2시 26분. 한라산 주 능선을 넘는 구름은 남사면으로 진입하자마자 햇살 받아 따뜻해진 공기를 만나 사라지고 있었다. 위

사진 5. 쇠소깍 부근 대로에서 백록담과 성판악 방향으로 촬영한 사진. 오후 3시 1분. 아래 왼쪽

사진 6. 남원읍 공천포 집 마당에서 촬영한 사진. 오후 3시 13분. 울담가 애기동백에 화사한 볕이 쏟아지고 파란 하늘에는 구름 한 점 없다. 아래 오른쪽

다. 한라산에 막혀서 북에서 서쪽은 모슬포 쪽으로 돌고, 동쪽은 성산 일출봉 쪽으로 도는, 서귀포시 남원읍을 빼고 한라산 양옆으로 돌아서 남쪽으로 흘러가 먼바다에서 다시 만나는 반쪽짜리 환상 구름대 모습을 여러 번 촬영했다. 이 내용은 앞에 '한 달 살기 좋은 제주 남원읍 겨울 기후'(☞ 98쪽) 이야기에서 소개하였다. 그래서 이렇게 제주시 지역이 흐려도 남원읍 일대가 맑은 날들이 지난 한 달간 내 눈에 여러 번 관측되었나 보다.

언덕 너머 손바닥만 한 작은 구름

어디서 어떤 주제로 사진 작업을 하려면 일기예보를 세밀히 살핀다. 날씨에 따라 달라질 사진 이미지를 마음에 미리 그리고 출사할지 결정한다. 10월 내내 서귀포에는 가을 가뭄이 들고 있다. 2022년 10월 29일에 살펴본 10일 중기예보에는 아예 비 소식이 없었다. 12월 초까지의 기상청 장기예보 역시 '평년(지난 30년 평균치)보다 강수량이 적을 확률이 40~50%'였다. 비가 거의 안 내릴 것이란 말이다. 이 가을이 다 가도록….

새벽에 마당에서 대문 밖으로 동쪽 공천포 바다를 바라보았다. 이는 매일의 습관이자 즐거움이다. 오늘도 비 예보는 없지만 오랜만에 구름이 많았다. 구름 사이로 내리는 빛 내림이 아름다웠다. 찰나의 시간이 지나면 사라지기가 십상인 것이 빛 내림이다. 파자마 잠옷 차림 그대로 카메라 집어 들고 바닷가로 달렸다. 집 울담 밖 도로는 올레 5코스 해안 길이다. 다행히 아직 누구 하나 지나는 사람은 없었다. 행복이 밀려왔다.

사진을 하는 목적이 나를 내세우고 실력을 자랑하기 위함이 아니어야 한다. 사진은 사진의 재료인 빛을 창조하신 하나님이 작가와 관객에게 주시는 선물이다. 사진을 하면서 익혀야 할 것은 사랑이신 하나님 시선으로 세상을 바라보는 안목이어야 한다. 그 시선과 안목에서 빛이란 물감을 시간과 공간이란 붓에 찍어 바람과 물이 그려내는 사진을 통해 내가 먼저 행복해 지고, 그 행복과 창조주 하나님의 아름다움을 세상에 전해야 한다. 사진에도 길이 있다. 이 땅에서 하늘에 이르는 길이 있다.

사진가 함철훈 선생님의 수업 중 말씀이다. 가르치신 그대로 나에게 사진 함은 "창조주께서 '보시기 좋았던' 세상의 아름다운 것을 나도 보고 내가 먼저 행복하기 위함"이다. 사진 하는 시간이 때때로 나에게는 이 아름다운 세상을 창조하신 그분을 느끼고 경배하는 시간이 된다. 그분을 생각하며 빛 내림 광경을 사진기에 담았다.

애월 쪽에 코사인 곡선을 그리는 억새 많은 언덕을 알고 있었다. 예전부터 오늘처럼 구름이 몰려오는 날이면 그곳에서 그리고 싶은 빛 그림, 담고 싶은 사진이 내 심상에 있었다. 아내랑 소풍 가듯 커피와 간식을 챙겨서 아침 일찍 갔다. 집에서 대략 1시간 거리다. 서귀포 농쪽에서 서쪽으로 이동할 때는 신호등이 없고 전 구간이 구간단속이라서 크루즈 정속 주행이 가능한 산록남로를 주로 이용한다. 공천포에서 중산간 산록남로에 올라서 보니 벌써 서쪽 하늘 구름이 사라져 간다. 애월 억새밭 현장에 도착하니 아뿔싸 산록남로 끝자락에서 마지막으로 본 솜사탕 구름 두 개마저 사라졌다. 기온이 오르자, 공기 중에서 증발한 것이다. 하늘만 맑다.

그냥 구름 없이 억새와 바람을 주제로 작업했다. 심상에 그렸던 이미지가 아니라 재미는 없다. 이건 아닌데, 저 밋밋한 하늘 공간을 구름으로 채워야 할 것인데… 무척 아쉬웠다. 돗자리 펴고 아내랑 커피나 마시며 쉬었다. 한참을 쉬는데 오름 기슭 언덕 위로 올라오는 손바닥만 한 작은 구름이 보였다. 경배하듯 배를 땅에 깔고 카메라 앵글이 하늘을 향하게 두어 바람 타는 억새와 언덕 위로 올라오는 작은 구름을 카메라에 담았다.

『구약성경』「열왕기상」에 손바닥만 한 작은 구름 이야기가 나온다. 하나님을 떠난 타락한 아합왕 시대다. 비를 내려달라고 목숨을 걸고 기도한 엘리야 이야기다. 당시에는 3년 반이나 비가 오지 않았다. 그 오랜 가뭄에 시달리다 하늘 저 멀리 바다 쪽에서 손바닥만 한 구름 하나가 둥실 떠오른 것이다.

> 일곱 번째 이르러서는 그가 말하되 바다에서 사람의 손만 한 작은 구름이 일어나나이다.
> 이르되 올라가 아합에게 말하기를 비에 막히지 아니하도록 마

사진 1. 공천포 바다 빛 내림. 2022년 10월 29일.

사진 2. 애월오름 언덕 위로 올라오는 손바닥만 한 구름. 메마른 가을 억새도 반겨 춤춘다. 2022년 10월 29일.

차를 갖추고 내려가소서 하라 하니라.

예기치 못한 기쁨에 설렌다. 마치 엘리야의 시종처럼 오늘 내가 이 언덕에서 손바닥만 한 저 작은 구름을 본 것이다. 사진은 진짜를 복사하는 것이 아니라 빛(photo)으로 그리는 그림(graphy)이다. 새벽, 빛 내림 때처럼 경배하며 찬양하며 빛으로 그림을 그려갔다. 행복하다.

황홀한 빛기둥

공천포 집은 현무암 벽체로 된 아담한 구옥이다. 집 안에 화장실은 없다. 이 집 살이 처음 무렵에는 밤에 대문 가에 있는 화장실 건물로 가는 것이 아주 귀찮았다. 저녁에 물을 적게 마시려 했다. 살다 보니 이것도 차차 익숙해졌다. 아니, 어느 사이 밤에 화장실 가는 일이 싫지 않았다. 구름이 하늘을 완전히 가리지만 않으면, 밤마다 흐르는 구름 사이에서도 너른 집 마당으로 별이 쏟아졌다. 제주도 푸른 밤에 아름다운 수많은 별을 마당에서 바라보다 별자리를 찾고 별을 세는 즐거움이 마당 지나 화장실 가는 성가심보다 크기 때문이다.

2022년 10월 26일 밤 7시 30분경이었다. 이날도 화장실을 가려 마당에 나오니 마당 건너 울담가 동백나무 너머 남쪽 하늘에 무수한 빛기둥들이 떠 있었다(사진 1). 오로라 폭풍은 아니고 쏜살처럼 날아가는 별똥별은 더욱 아니다. 두려움이 먼저 솟구쳤다. 우주에서 추락하는 인공위성 파편들이나 폭발한 미사일 파편들이 지구로 떨어지는가 싶은데 이상하게 아름다웠다. 참으로 더 이상한 일은 이 빛기둥들은 제자리에 머물고 시간이 지나도 움직이질 않았다.

깜짝 놀라 뒤돌아서 지붕 너머 북서쪽 한라산 방향 하늘을 보았다. 빛기둥은 거기에도 떠 있었다(사진 2). 정신을 차리고 사방을 둘러보았다. 빛기둥이 나를 중심으로 360도 모든 방향 하늘에 떠 있었다. 황홀한데 이해가 안 되니 소름이 돋았다. 명색이 기후학 박사인 나다. 그런 내가 도무지 무슨 일인지 알 수 없는 일이 제주도 대기권에서 일어나고 있었다.

방으로 뛰어들며 아내에게 지구 대기권에 이상한 일이 일어났다고 큰 소리로 알렸다. 아내와 함께 카메라를 들고 대문 앞 공천포구로 달렸다. 몽환적인 빛기둥들이 위미항 방향 동쪽 하늘에도 둥둥 떠 있었다(사진 3). 그쪽 빛기둥들 역시 도무지 땅으로 떨어지거나 움직이질 않았다. 지구 종말적 현상인가 하는 쓸데없는 생각까지 들며 넋을 잃고 바라보는데 핸드폰 벨이 울렸다. 가파도 사는 플루트 연주자 이재헌 씨 전화다. 지난 8월 KBS 1TV 〈인간극장〉 '우리는 행복을 연주한다(1~5부)'에 주인공으로 출연한 분이다. 본토에 있는 교회에서 알게 된 형제님이다. SNS로 내게 가파도 상공에 뜬 빛기둥들을 사진 찍어 보냈단다(사진 4). 내가 지리학 교수인 것을 아니까 이게 무슨 일이냐 물었다. 나도 모르겠다고, 처음 겪는 대기 현상이라 말할 수밖에 없었다. 나중에 그 날짜에 나온 《연합뉴스》 기사를 보니 제주소방안전본

사진 1. 공천포 집 마당 건너 울담가 동백나무들 너머 남쪽 하늘에 뜬 빛기둥들. 2022년 10월 26일.

사진 2. 북서쪽인 지붕 너머 한라산 백록담 방향 하늘에도 떠 있는 빛기둥들. 2022년 10월 26일.

사진 3. 공천포구에서 위미항 방향으로 바라본 동쪽 하늘에 떠 있는 빛기둥들. 2022년 10월 26일.

사진 4. 제주섬 남서쪽 가파도 상공에 뜬 빛기둥들. 2022년 10월 26일 가파도 주민 플루티스트 이재헌 씨 촬영.

부와 제주지방기상청 등에 문의와 제보 전화가 빗발쳤었다. 상층 구름 얼음결정에 어선 집어등 불빛이 반사되어 만들어진 것이란다.

집 안에 화장실 없는 마당 너른 제주 구옥에 살았기 때문에 깊어지는 가을 밤하늘에 펼쳐졌던 자연의 예술작품을 놓치지 않고 감상할 수 있었다. 나를 중심으로 360도 모든 방향 밤하늘에 떠 있던 빛기둥들이 안겨준 황홀감은 도저히 말로 표현할 수가 없다. 땅과 바다로 떨어지지 않는 제 자리에 멈추어 떠 있는 찬란한 빛기둥들이 나타난 이 현상은 그날 밤 한 시간 이상 이어졌다.

5.

일 년 두 번 제주 메밀

일 년 두 번 짓는 제주 메밀

메밀은 '산(뫼)에서 나는 밀'이라 해서 '메밀'이라 했다. 생육 기간은 60일 내외로 짧다. 온난한 제주에서는 1년에 메밀을 두 번 짓는 곳이 많다. 제주에서 메밀꽃밭은 조천읍 와흘메밀마을(5월, 9월 말~10월), 표선면 보롬왓(6월, 9월 말~10월), 제주시 오라동 열안지 제주고 실습지(6월, 10월), 남원읍 한남리 머체왓(가을 메밀, 9월 말~11월 초), 구좌읍 송당리(가을 메밀, 9월 말~10월) 일대가 유명하다.

제주 메밀 생산량은 단연 전국 1등이다. 2020년 통계청 자료에 따르면, 메밀 재배면적은 제주가 728ha다. 2위인 전남(337ha)의 2배가 넘고, 4위인 강원(149ha)보다 6.3배 넓다. 그해 메밀 생산량도 봉평을 비롯한 강원도는 제주의 1/5이다. 국내산 메밀은 절반 가까이 제주도에서 생산된다. 그런데도 메밀을 찧는 큰 도정 시설이 제주에 없다.

사진 1. 보롬왓 메밀밭. 2022년 6월 17일.

제주 메밀 대부분을 강원도 봉평으로 수송하고 그곳에서 도정되고 유통된다. 제주 메밀이 봉평 메밀로 탈바꿈된다. 봉평 메밀밭은 이효석 단편소설, 「메밀꽃 필 무렵」 무대다. 명작 소설이 봉평을 메밀의 대명사로 만들었다.

1980년대에 춘궁기 보릿고개가 사라져 메밀은 기호식품이 되어왔고, 한국은 마이카(my car) 시대에 들어섰다. 1971년 개통된 영동고속도로를 통한 봉평으로의 접근성 제고 효과가 나타나면서 '봉평 메밀밭'은 전국적으로 유명해졌다. 강원도 메밀 생산량은 지금도 전국 4위일 뿐, 강원도에서 메밀밭은 예나 지금이나 그 이름값처럼 널리 자리 잡지는 않았다. '펜은 칼보다 강하다'더니 메밀밭을 소재로 한 명작 소설의 위력은 메밀의 생산유통 구조에서도 이처럼 상상 그 이상이다. 제주 메밀로 가공·유통하는 것보다 알곡으로 수송해서 봉평에서 도정하고 유통하는 것이 이윤이 더 남기에 그리할 것이다.

그림 1을 보면, 제주도 북부와 서부의 해안 저지대 토양(A)의 비옥도는 본토의 토양과 비슷하다는 것을 알 수 있다. 따라서, 고산평야 무릉리, 고산리 등에서는 논농사가 이루어져 왔고 보리도 잘 재배된다. 반면에, 제주도 대부분인 화산회토 지대(B, C, D)에서는 벼농사는커녕 보리농사도 어려울 것이다. 조선 시대에 드넓은 중산간 지대에서 목초지, 마방이 한라산을 빙 둘러서 존재하던 이유도 될 것 같다. 화학비료가 없던 시대에 제주 사람들이 피, 메밀이나 지어먹으며 힘겹게 살아온 이유를 알 것 같다. 오늘날 와흘과 송당리와 보름왓, 머체왓 등 제주 동부와 중산간 지대에 메밀밭이 많은 이유가 그것이

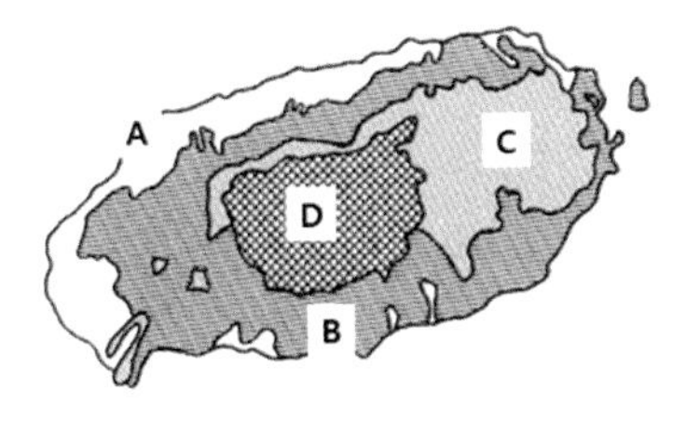

A 암갈색 비화산회토
B 농암갈색 화산회토
C 흑색 화산회토
D 산악지 화산회토

그림 1. 제주도의 토양 분포도. 출처 : 현해남, 2011, 「제주 토양환경을 알면 제주의 사회·문화를 안다」, KSEA's 30th Anniversary International Symposium, p.10.

리라.

현무암 지대 화산회토인 척박한 땅에서도 자라는 메밀은 자연환경에 대한 적응력이 강하다. 바이칼호 주변 등 한대지방이나 높은 산지에서도 자란다. 흉년이 들면 생육 기간이 짧은 메밀은 대체 작물이 된다. 화산섬 제주라서 보리농사 지을 땅도 없던 제주민들 배고픔을 면해주던 메밀은 다양한 제주 음식문화 소재가 되어왔다. 요즈음엔 고혈압을 낮추는 건강식품으로까지 자리매김해서 꽃과 더불어 인기가 좋다.

매화와 동백꽃이 떨어지고 가시리(加時里)에 흐드러진 왕벚꽃과 유채꽃마저 시드는 5월 제주에는 '메밀꽃'이 피기 시작한다. 바야흐로 '메밀꽃밭'은 초여름과 가을 제주 관광 아이콘의 하나로 자리매김하였다. V.W.I.(Visual Worship Institute) 사진 전시회가 있어서 본토에 다녀오니 어느덧 6월이다. 혹시나 하며 찾아간 제주시 조천읍 와흘리 메밀밭은 불과 며칠 전에 추수가 끝났다. 잘려 나간 메밀대 사이사이로 돌밭이 휑하다. 흙보다는 화산회층 돌멩이가 더 많다. 현무암 화산회층 지대에 일군 밭이다. 7월이면 토종 가을 메밀씨가 이곳에 다시 뿌려질 것이다. 10월에 다시 만개할 메밀꽃밭을 심상에 그리며 아쉬운 발길을 돌렸다.

실없이 와흘메밀마을을 다녀온 6월 15일 그날 밤이다. 제주시 오라동 산 100번지에 제주고등학교 실습장이 있고, 이곳 메밀밭을 오늘부터 일반에 개방한다는 지방 뉴스가 나왔다. 백록담 등반 출입구의 하나인 관음사 주차장에서 아주 가깝다. 조천읍 와흘리보다 고도가 좀 더 높은 중산간 지대다. 그래서 이제야 메밀꽃이 만개했나 보다. 습기와 벌레를 피해 여름을 나려고 제주 시내 연동에 오피스텔을 얻었다. 가을에는 아름다운 자연이 숨 쉬는 마당 넓은 공천포 땅집으로 다시 돌아가려 한다. 내일은 겨울부터 살다 온 남원읍 신례리 공천포 집에 두었던 몇 가지 짐을 가지러 가려 했다. 기왕에 공천포로 가는 길이니, 오라동 메밀밭 지나 표선읍 보롬왓과 남원읍 한남리 머체왓까지 들르기로 맘먹었다. 카메라를 정비하고 밀려오는 행복감 속에 잠이 들었다.

오전에 찾은 오라동 산 100번지 제주고 실습지 메밀밭은 아직은 찾아오는 사람이 드물었다. KBS 촬영팀이 와서 드론을 날렸다. 곧 KBS도 뉴스를 내보낼 것 같았다. 숨 막히게 아름다운 하얀 메밀꽃밭과 더러 서 있는 나무들이 멋스럽게 어우러지고 그 뒤로 이어지는 한라산 자락이 평온함을 물씬 주는 곳이다. 메밀꽃이 없다 해도 구한말에서 일제강점기까지 환자 요양 치료에 쓰인 이미 아름다웠던 땅이다. 여

사진 2. 불과 며칠 전 추수가 끝난 와흘메밀마을 밭 풍경. 돌밭이다. 나무에 매단 그네를 타는 사람도 보인다. 2022년 6월 15일.

사진 3. 제주고등학교 실습장의 메밀밭. 더러 붉은 메밀꽃이 섞여 피었다. 사진 중앙 뒤편으로 백록담 북벽이 희미하게 보인다. 2022년 6월 16일.

기는 일제강점기에 한의와 양의를 겸하던 직업인 의생이었던 최제두 선생님의 인재 양성에 대한 높은 뜻이 깃든 메밀밭이다. 가혹한 강점기에 이 많은 재산을 제주농업학교에 기꺼이 내주신 최제두 의생님은 환자만 치유한 것이 아니고 우리 민족과 나라도 치유하시고자 한 것이 분명하다. 사람을 소모품으로 여기지 않고 부족해도 귀히 여겨 키워가고, 또 뒤를 이을 인재 양성을 하는 집단과 나라는 번성할 것이다. 드넓은 메밀꽃밭 자체의 아름다움에 더하여 그분의 드넓은 품격과 민족애를 느끼며 사진 했다.

메밀꽃대에 한라산 바람이 스친다. 꽃이 핀 오라동 제주고 실습지 메밀밭을 멀리서 보면 정말 이효석의 소설 속 글처럼 소금을 뿌려놓은 듯 아름답다. 메밀꽃은 하나하나는 볼품이 없어도 자잘한 꽃들이 모여 덩어리를 이룬 모습이 예쁘다. 마치 안개꽃 같기도 하다. 이렇게 좋은 날에, 이런 멋진 곳에서 작품을 했다.

보롬은 '바람'을 일컫는 제주어이고 왓은 '밭'이란 뜻이다. 표준어로 번역하면 '바람의 밭'이다. 멋스러운 이름을 가진 보롬왓은 사업체가 운영하는 체험농장이고 카페가 있고 머체왓(돌밭)과 달리 입장료를 내야 한다. 보롬왓 농장에서는 봄 메밀꽃이 실하게 잘 펴 있었다. 보롬왓에서 바다 쪽으로 있는 여러 겹 오름이 자아내는 부드러운 곡선 자태는 한국의 미다. 겹산을 이룬 오름들을 메밀꽃과 어우러지게 카메라에 담았다. 여긴 일 년 두 번 여름에 다시 씨를 뿌려서 가을이면 다시금 아름다운 메밀꽃밭을 만들 것이다. 또, 그 메밀은 추수해서 봉평으로 보내질 것이다.

사진 4. 보롬왓 메밀밭과 겹산을 이루는 오름들. 오른쪽 밭 메밀은 추수할 때가 된 것 같고, 왼쪽 메밀밭의 꽃들이 제철이다. 2022년 6월 16일.

사진 5. 표선면 보롬왓에 실하게 핀 메밀꽃. 마침 노랑과 연두색 양산을 쓴 사람들이 지나가니 사진이 더 아름답다. 2022년 6월 16일.

지금 핀 이 메밀꽃들은 대부분 외래종이다. 국산 재래종 메밀은 품종 특성상 가을에만 재배하기에 그렇다. 춘파, 봄에 씨를 뿌리는 이런 메밀은 외래종이었다. 맛과 영양은 한국 토종인 가을 메밀보다 좋다고도 한다. 그런데 내년 2023년이 되면 이런 춘파 메밀도 드디어 국산화가 된다니 기쁘다. 개량 재래종인 '양절 메밀 종자'가 이제 대량 생산되어서 제주 지역 메밀 농가에 보급된다. 제주특별자치도 농업기술원에서 만든 춘파용 메밀은 내년 늦봄부터 어떤 꽃들을 피워내고 또 어떤 맛일까, 사뭇 기대된다.

마지막으로 들린 사려니오름과 넙거리오름과 머체오름을 병풍 삼은 남원읍 한남리 머체왓 느쟁이밭에는 들꽃과 잡초만이 무성했다. 머체왓은 그래도 언제나 예쁘다. 알아보니 여긴 메밀씨를 여름에 뿌려서 9월 말이 되어야 메밀꽃밭으로 변한단다. 머체왓 메밀은 재래종 1모작이었다. 머체왓에서 가까운 공천포로 내려오니 고향에 온 듯했다.

내친김에 다음 날인 6월 17일에는 역시 메밀로 유명한 구좌읍 송당리 일대에 가보았다. 춘파한 몇 군데 작은 밭에서 더러 메밀꽃이 피었다. 여기서는 메밀밭이 잘 보이지 않는다. 주로 재래종인 가을 메밀을 재배하는 지역인가 보다. 가을이 오면 와흘리와 더불어서 송당리 메밀꽃도 내 앵글에 담아야겠다. 그때는 하나님 시선으로 보는 메밀꽃의 아름다움(토브)이 찍힌, 전시회에 낼 만한 예술작품이 나오면 좋겠다.

사진 6. 머세왓 느생이밭. 2022년 6월 16일.

사진 7. 구좌읍 송당리 빈 밭 풍경. 아마도 가을이 오면 이 땅에도 메밀꽃이 가득 피어날 성 싶다. 2022년 6월 17일

제주 가을 메밀꽃 축제

서귀포 외돌개 인근에는 한반도 최대 마르형 분화구인 하논이 있다. '마르'는 마그마 수증기 폭발로 생긴 화산 지형이다. 하논 분화구는 백두산 천지처럼 물이 고인 큰 호수였다. 원형의 요지로 절구통 모양 분화구를 잘 형성한다. 조선 광해군 때 낮은 곳을 허물어 물을 뺐다. 논농사를 짓기 위함이다. 화산쇄설물이 쌓인 서귀포 하논에서는 지금도 논농사를 짓는다. 이런 하논 지대와 고산평야 일부분 등이 아니면 대부분 제주 토양은 물이 잘 빠진다. 논농사 지대가 제한된다. 제주섬 토양 대부분인 화산회토는 구리와 인산을 흡착하는 힘이 강하다. 식물이 흡수하기 어렵다. 양분이 결핍된다. 보리농사도 어렵다. 게다가 봄에는 가뭄이, 여름이면 태풍이 자주 닥친다. 기근이 잦았다. 돌도 많다.

사진 1. 와홀메밀마을 메밀밭. 소설가 이효석의 표현대로 소금을 뿌려놓은 것 같다. 2022년 11월 1일.

다행히 돌밭과 척박한 화산회토에서 잘 자라는 작물, 동시에 봄 가뭄이나 여름 태풍 후 먹거리가 부족할 때 빨리 자라는 작물이 있었다. '산(뫼)에서 나는 밀' 메밀이다. 이런 메밀이 쌀도 보리도 귀했던 제주에서 밥, 국수, 죽, 떡 등 다양한 음식으로 사용됐다. 그래서인가? 전국 메밀 생산량 1위는 제주다. 앞의 '일 년 두 번 짓는 제주 메일'(☞150쪽)이란 글에서 썼듯 여긴 1년에 메밀 농사를 두 번 짓는 밭이 많다. 현재 메밀밭은 주로 중산간 지대에 있는데, 바야흐로 '메밀꽃밭'은 초여름뿐만 아니라 가을 제주 관광 아이콘의 하나로 자리매김하였다.

2022년 가을이다. 봄 메밀밭에 이어서 제주 도처 메밀대에 꽃이 수북했다. 가을 제주도에서 가장 먼저는 내가 사는 서귀포시 남원읍 신례 2리인 공천포에서 가까운 신례 1리 소유 이승악 신례리 공동농장에서 메밀꽃 축제를 열었다. 9월 하순이었고 신례 1리 마을회와 마을 공동농장 주관이다. 10월 중순에는 제주시 조천읍 와흘 메밀 농촌 체험 휴양마을에서 메밀꽃 축제가 열렸다. 관광지인 남원읍 한남리 머체왓과 표선면 성읍리 인근 보롬왓 농장 그리고 제주시 오라동 제주고등학교 실습장 등 제주섬 곳곳에 가을 메밀꽃이 피었다.

1. 와흘메밀축제

와흘리는 구르네오름, 꾀고리오름, 세미오름, 당오름 등 주변 오름이 마을을 둘러싸고 넓은 초지를 가진 전형적인 제주도 중산간 마을이다. 메밀 마을로 유명하다. 제주시 조천읍에서 서귀포시 남원읍을 연결하는 남조로와 제주시에서 표선읍을 연결하는 97번 6차선 도로인 번영로가 교차하는 곳 인근이다. 교차로에서 남조로를 따라 와흘리 반대 방향인 남원읍 방향으로 5분 정도 주행하면 에코랜드가 나온다. 삼다수 공장이 있는 교래리와 붉은오름 사려니숲길 입구가 이어진다.

초여름이었다. V.W.I.(Visual Worship Institute) 사진 전시회가 있어서 5월 하순부터 길게 본토에 다녀와야 했다. 6월 15일, 늦었지만 혹시나 하며 찾아간 제주시 조천읍 와흘리 와흘메밀마을 봄 메밀밭은 아뿔싸 불과 며칠 전에 추수가 끝나 있었다. 꽃을 못 봤다. 잘려 나간 메밀대 사이사이로 돌밭이 휑했다(사진 2). 흙보다는 돌멩이가 훨씬 더 많은 현무암 화산회층 지대에 와흘 메밀 농촌 체험 휴양마을 농장이 자리 잡았다. 7월이면 토종 가을 메밀 씨가 이곳에 다시 뿌려질 것이다. 10월에 다시 만개할 메밀꽃을 심상에 그리며 발길을 돌릴 수밖에 없었다.

9월 하순이 되었다. 와흘리 일대에 메밀꽃이 활짝 피었다. 올가을 메밀 농사가 이곳은 잘되었다. 이제 가을이 되어 잘 자란 메밀대와 메밀꽃이 나왔다. 결혼 촬영 장소로도 이용되고 있었다. 여기서 열린 2022년 가을 메밀축제장 모습을 카메라에 담았다. 메밀밭은 상시 개방했다. 축제 장터는 10월 15일부터 11월 6일까지 주말과 휴일에 열렸다.

2. 제1회 신례1리 제주메밀꽃 축제

9월 하순이었다. 2022년 가을이 오자, 제주도에서 가장 먼저 남원읍

사진 2. 와흘 메밀 농촌 체험 휴양마을 메밀밭. 추수한 메밀밭은 온통 잔돌밭이다. 메밀의 생명력은 경이롭다. 2022년 6월 15일.

사진 3. 와흘 메밀 농촌 체험 휴양마을 메밀밭. 결혼 촬영지로도 인기가 있다. 2022년 11월 1일.

사진 4. 체험 힐링센터 마당에 열린 2022년 가을 메밀축제 장터 모습. 메밀밭은 상시 개방했다. 10월 15일부터 11월 6일까지 주말과 휴일에는 축제장을 열었다. 2022년 10월 28일.

사진 5. 와흘 메밀 농촌 체험 휴양마을 메밀밭. 이곳 가을 메밀 농사는 좋아 보인다. 메밀꽃이 소복이 잘 피었다. 2022년 11월 1일.

신례 1리 중산간 지대인 이승악오름 입구에 있는 신례리 공동농장에서 메밀꽃 축제가 열렸다. 신례 1리 마을회와 마을 공동농장 주관이다. 메밀 음식을 파는 부녀회원이 올해 메밀 농사는 태풍 피해를 보았다며 속상해했다. 그러고 보니까 대부분의 메밀대가 뒤틀려 있다. 꽃도 봄날에 다른 메밀밭에서 보던 것처럼 풍성하지 않다. 제1회로 처음 여는 신례 1리 메밀꽃 축제다. 해안가 신례 2리에서 1년살이하는 나도 동네 사람처럼 속상했다. 그럼에도 꽃이 싱싱하고 풍성한 부분을 찾아 메밀밭을 돌아다녔다.

사진기는 인간의 눈으로는 볼 수 없는 아름다운 것을 자세히 보여줄 수 있다. 한라산을 배경 삼아 작품을 만들어가는 사이에 거대한 산 앞으로 예쁜 구름이 흘러오고 흘러갔다. 사진 할 때 배경의 이런 구름이 예기치 않은 아름다움을 더해줄 때가 있다. 사진 7은 현장 보도 다큐멘터리 스트레이트성 지리 사진이면서 반추상적 예술작품일 수도 있겠다. 우리 V.W.I. (Visual Worship Institute) 소속 사진가들은 전시 이전에는 작품을 아내와 자식에게도 안 보여주는 것이 불문율이다. 가족들이 식상할 수도 있고 최종 전시작이 못될 습작을 가족에게 보여주는 것도 바람직하지 않을 것이다. 다른 예술 분야 작가나 연주자들이 습작이나 미숙한 연습 동작을 공개하지 않는 것과 다를 것이 없겠다. 그것이 프로와 아마추어의 차이다. 물론 아마추어 사진가가 사진을 더 잘 만들 수도 있다. 어차피 사진 작품은 창조주의 선물이고 내가 열심히 칠한 것이 아니고 물과 바람이 필름에 빛을 칠한 것이기에 그렇다. 나는 내년 가을에 있을 V.W.I. 소속 작가 단체 사진 전시

사진 6. 제1회 제주메밀꽃 축제 팸플릿 표지.

사진 7. 서귀포시 남원읍 중산간 이승악오름 부근 신례리 공동농장 메밀밭에서 백록담 방향으로 찍은 사진. 2022년 9월 28일.

회에 참여하려고 열심을 내는 중이다. 아름다운 곳이 많고 다양한 주제로 작업을 할 수 있는 제주에서 1년 이상 살 수 있어 행복하다.

집중호우나 폭설로 통행을 금지하지 않는 한 '사려니숲길'이야 아무 때나 가지만, '사려니오름'은 산림청 홈페이지에서 3일 전에 출입 신청해야 한다. 사려니오름 서쪽 가까이에 있는 이승악오름은 365일 언제나 즐길 수 있다. 주변 숲도 아름다운 오름이다. 신례리 중산간 밭에서는 메밀꽃이 한창이었다. "여긴 바다와 한라산을 모두 즐길 수 있는 중산간 명소입니다." 왕벚꽃과 유채꽃 축제로 제주에서도 대단히 유명한 가시리 이장님이 축하차 와서 하신 말씀이란다. 축제장 천막에서 음식 팔던 부녀회원님이 일러주었다. 그렇지. 내가 사진 하러 자주 가는 아름다운 표선면 가시리 들판에서는 바다는 안 보였다. 그 말을 염두에 두었다가 이승악이나 한라산을 배경 삼은 메밀밭 작품을 만들고 나서 해 저무는 바다 쪽을 여유롭게 바라보았다. 황혼도 저무는 서귀포 바다에서는 집어등 켠 어선들이 점점 늘어가고 있었다.

여기서 보는 바다는 공천포 집에서보다 멀었고 한라산은 내게 바짝 다가와 있었다. 가시리 이장님 말씀처럼, 제주섬에서 이 둘을 다 아름답게 조망할 수 있는 장소로 이만한 곳이 드물겠다. 이런 곳에 신례 1리 주민들이 올해부터 메밀꽃 축제를 열어주어서 와보았다. 나와 아내가 메밀꽃 작품을 만들 수 있어 감사하다. 사진 9는 10월 11일에 찍었다. 10여 일 만에 다시 찾은 역시 이승악 신례리 공동농장 메밀밭 사진이다. 메밀꽃이 갈색으로 변하고 메밀은 익어간다. 축제는 끝났고 곧 수확될 것이다.

사진 8. 이승악 신례리 공동농장 메밀밭에서 서귀포 시내와 바다 방향으로 찍은 사진. 황혼도 저무는 서귀포 바다에 고기잡이배 집어등이 하나, 둘 밝아오고 있었다. 2022년 10월 1일.

사진 9. 10여 일 만에 다시 찾은 이승악오름 부근 신례리 공동농장 메밀밭. 메밀꽃이 갈색으로 변하고 메밀은 익어간다. 2022년 10월 11일.

3. 표선면 보롬왓 농장

우리 부부는 표선면 성읍 서문 밖 서문식당 밥을 아주 좋아한다. 가격도 싸면서 친절하고 부지런한 젊은 부부가 부모님들과 함께 운영하는 맛있는 백반집이다. 본토에서 손님이 오면 읍성을 거닐다가 점심은 이 식당에서 먹는다. 공천포에서 성산읍 삼달리 김영갑갤러리로 구경 가거나 또는 구좌읍 종달리 용눈이오름 방면에 사진 하러 갈 때도 점심은 이 식당에서 하고 간다. 삼시 세끼 마련이 힘들어 보여 그냥 서문식당에 가자고 하면 아내가 늘 찬성인 식당이다.

이 성읍 서문식당에서 그리 멀지 않은 곳에 커피 마시러 가기 좋은 곳이면서 사진 하기 좋은 곳이 있다. 보롬왓 농장이다. 늦봄, 초여름과 가을에 메밀꽃 필 무렵이면 보롬왓의 메밀밭도 아주 좋다. 여기는 입장료가 있는 카페형 농장이다. 제주어로 보롬은 바람, 왓은 밭이다. 바람밭이다. 지난 6월, 바람밭에 잘 자란 봄 메밀꽃은 올해 그 어디 메밀밭 것보다 실하고 풍성했다. 보롬왓 주변 오름들 부드러운 곡선미가 빼어나게 아름다운 곳이기도 하다. 제주는 1년 두 번 메밀 농사를 짓는 곳이니까 보롬왓 가을 메밀밭은 어떤 모습으로 다가올지 자못 궁금했다.

가을이 왔다. 10월 10일, 용눈이오름에 사진 하러 가는 도중에 보롬왓에 차를 세웠다. 마치 여름처럼 시원한 소나기가 내렸다. 안개꽃밭 같은 보롬왓 가을 메밀밭 너머로 아주 진한 무지개가 걸린다(사진 11). 보롬왓 메밀꽃밭 풍경이 아름다움을 넘어 황홀감을 선사한다.

사진 10. 보롬왓 가을 메밀밭. 봄에 이어 보롬왓 가을 메밀이 제주의 다른 메밀밭에서보다 풍성히 잘 자랐다. 2022년 10월 10일.

사진 11. 가을 소나기 후 무지개 걸린 보롬왓 메밀밭. 황홀하다. 2022년 10월 10일.

4. 남원읍 한남리 머체왓 메밀밭

머체왓은 사려니오름과 넙거리오름, 머체오름을 병풍 삼은 돌밭이다. 제주말로 머체는 돌, 왓은 밭이다. 6월 머체왓에는 들꽃과 잡초가 무성했다. 10월이 되자 한여름에 뿌린 메밀은 자라 메밀꽃밭으로 변했다.

지난 2월 이후 제주에 살아서 알게 된 머체왓 느쟁이밭 주변에 있는 머체왓숲길을 수시로 방문했지만, 가을 메밀꽃이 피어나는 10월에는 더 자주 왔다. 10월 19일이 되자 메밀밭은 푸르른 메밀대 사이로 하얀 꽃들이 만개해 돌밭을 덮었다.

사진 13에서 뒤로 보이는 2개 오름 중 왼쪽 크게 보이는 것이 넙거리, 오른쪽에서 오름 상단부가 삼각형으로 보이는 것이 그 유명한 사려니숲에서 통제구간에 속해 있는 사려니오름이다. 그러니까 사려니숲을 방문해도 정작 사려니오름 근처로는 올 수 없다. 이 글 제목이 '제주 가을 메밀꽃 축제'지만 머체왓에서는 보롬왓처럼 메밀꽃 축제를 별도로 열지는 않는다. 그래도 이곳은 역시 가을 메밀꽃이 피길 기다려 온 내 마음의 메밀꽃 축제장이다.

11월 초순이 되자 메밀이 익어 갈색 밭으로 변해간다. 곧 추수하면 휑한 돌밭이 드러날 것이다. 여기는 중산간 화산회토 지대이고 유난히 잔돌이 많다. 메밀 아니면 해 먹을 것 없어 조선 시대부터 목장으로 활용됐다. 사진 15를 보면 여물은 메밀밭에 2마리 말이 들어와 한가로이 메밀을 먹는다. 멀리 백록담은 구름에 덮이고, 오른쪽 능선 너머로는 널판지를 쌓아올린 성 같다는 성판악(성널오름)이 진짜 성처럼 우뚝 솟아있다.

사진 12. 한남리 중산간 머체왓 입구. 2022년 10월 2일.

사진 13. 한남리 중산간 머체왓 느영나영 나무 옆 메밀밭. 2022년 10월 2일.

사진 14. 소금을 뿌린 듯 만개한 머체왓 메밀꽃, 2022년 10월 19일.
사진 15. 추수를 앞둔 머체왓 메밀밭, 2022년 11월 4일.

5. 제주시 오라동 열안지 제주고등학교 실습지

제주시 오라동 산 100번지 제주고 실습지에서는 메밀 농사를 1년에 두 번 짓는다. 백록담에 갈 수 있는 한라산 등반로 출입구의 하나인 관음사 주차장에서 아주 가깝다.

사진 16은 초여름에 이곳에서 본 봄 메밀꽃 작품이다. 구한말에서 일제강점기까지 환자 요양 치료에 쓰인, 이미 아름다웠던 이 땅에 메밀꽃이 만개하니 숨이 막힌다. 이때만 해도 여기는 봄에만 메밀을 짓는 줄 알았다. 본토에서 사돈 장로님이 오셨고 만나자는 곳의 주소로 가다보니 여기를 다시 지나치게 되었다. 우와! 가을 메밀도 자라고 있었다. 꽃도 피었다. 사진 17에 담긴 것은 이 일대 땅을 기증한 의생 최제두 님을 기리는 공덕비와 제주고등학교 실습지 가을 메밀꽃밭이다. 사진가가 카메라를 안 가지고 있다니 이럴 땐 참 아쉽다. 아쉬운 대로 핸드폰 카메라로 가을 메밀밭 풍경을 담았다. 우연히 마주친 제주고 실습지 가을 메밀밭이 내 소유의 밭인 양 행복감을 불러일으킨다.

앞서 쓴 '일 년 두 번 짓는 제주 메밀'(☞ 150쪽)에서 피력한 대로 메밀꽃은 하나하나는 볼품이 없어도 자잘한 꽃들이 모여 덩어리를 이룬 모습이 참 예쁘다. 마치 안개꽃 같기도 하다. 갈바람이 메밀꽃대에 스친다. 꽃이 핀 오라동 제주고 실습지 메밀밭을 멀리서 보면 안개꽃밭 같은 것이 아름답다. 카메라와 내 마음 심상에 오라동 열안지 제주고 실습지 가을 메밀꽃밭을 담았다.

사진 16. 6월에 피었던 제주고 실습지 봄 메밀꽃. 안개꽃밭 같기도 하다. 2022년 6월 16일.

사진 17. 이 일대 땅을 일제강점기에 제주고에 기증한 의생 최제두 님을 기리는 공덕비 뒤로 가을 메밀이 자라난다. 드넓은 메밀꽃밭 자체 아름다움에 더하여 그분의 드넓은 품격과 민족애가 느껴진다. 2022년 10월 3일.

사진 18. 오라동 월산의 제주고 실습지 가을 메밀밭. 2022년 10월 3일.

6.

올레 6코스 길과 이중섭미술관

올레 6코스 길 따라 서귀진지 지나 이중섭미술관을 가다

서귀포 매일올레시장 아래에는 이중섭미술관과 서귀진지[城]가 있다. 이중섭거리는 시장과 미술관을 이어준다. 마침 이건희 컬렉션 이중섭 특별전 〈70년만의 귀향〉이라는 전시회가 있었다. 2022년 1월 4일, 공천포 옆 동네인 효돈동 쇠소깍다리에서 시작하는 올레 6코스 길을 따라 게우지코지와 섶섬 해안과 미술관 아래 동네에 있는 서귀진지를 거쳐 이중섭거리에 있는 미술관으로 갔다.

올레 6코스도 공천포 집 앞을 지나는 5코스처럼 서귀포 바다를 끼고 걷기에 일품이다. 아름답고 쾌적한 다수의 바다 조망 카페뿐만 아니라 길가에는 벤치가 군데군데 있다. 걷다가 힘들면 쉬어가기 좋다. 아내랑 도시락 싸 들고 이 길 걷다가 적당한 벤치에서 바다를 보며 먹었던 일은 영원히 못 잊을 추억이다. 사진 2에 서귀진지 풍경을 담았

사진 1. 서귀진지[城]에서 이중섭거리로 올라가는 길. 길바닥에는 이중섭거리란 이름을 새긴 보도 블럭이 심겨 이색적이다. 2022년 1월 4일.

다. 그림 1은 서귀진지 안내판에 쓰인 『탐라순력도』 중의 하나인 「서귀조점도」다. 1702년(숙종 28) 11월 5일, 서귀진의 조련과 군기 및 말 등을 점검하는 그림이다. 서귀진과 주변 섬 위치가 잘 나타나 있다.

그림 1 「서귀조점도」를 보면 성 밖 해안가에 단 두 채의 초가집이 그려져 있다. 이중섭 「섶섬이 보이는 풍경」(1951)에서의 초가가 연상된다. 당시의 문헌에도 서귀진지 밖 해안가에는 가난한 어부 집 몇 채만이 있었다 한다. 서귀포는 구한말까지 작은 어촌에 불과했다. 1951년 이중섭은 「섶섬이 보이는 풍경」에서 소낭머리 해안과 섶섬과 바다를 배경 삼아 근경에 빼곡한 초가와 기와집 여러 채를 그렸다. 전봇대도 보인다.

이건희 컬렉션 이중섭 특별전 <70년 만의 서귀포 귀향>에는 12점이 전시되고 있었다. 6·25 전쟁 중인 1950년 12월 흥남 철수 때 이중섭 화가 가족도 월남했다. 가족과 함께 서귀포에 11개월 동안 피난살이로 머물며 남겼던 「섶섬이 보이는 풍경」을 비롯하여 「해변의 가족」, 「비둘기와 아이들」, 「아이들과 끈」, 「물고기와 노는 아이들」 등 유화 6점과 수채화 1점, 은지화 2점, 엽서화 3점이 왔다. 전시 작품 촬영이 허용되어서 좋았다. 파리 오르세미술관에서 본 르누아르 등 인상파 화가들 작품과 달리 「섶섬이 보이는 풍경」은 유화라는데 물감 두께가 아주 얇다. 가난한 화가라서 그럴까? 그런데도 색감이 좋다. 「섶섬이 보이는 풍경」은 지금도 미술관 입구에 있는 피난살이 집터 부근에서 섬을 바라보며 그린 것이다. 섶섬은 이중섭이 이 집에서 늘 마주했던 섬이었다. 이 작품에서 섶섬 쪽으로 돌출한 지형(코지)은 올레 6코스

사진 2. 이중섭거리 남쪽 서귀진지[城]. 진성 내부 원형 석조물은 이웃한 정방폭포로 흐르는 물줄기에서 인공수로를 통해 끌어온 물을 식수로 저장하던 시설이다. 남는 물은 진성 밖으로 배출하여 농사에 이용하였다. 2022년 1월 4일.

그림 1. 「서귀소섬노」

에서 살짝 비켜나서 일반인들에게는 숨은 비경이 된 소낭머리(소남머리)다. 이 단(코지)은 그림 중간에서 맨 오른쪽 소나무들이 그려진 곳인 오늘날의 자구리공원으로 이어진다. 소낭머리 일대는 주상절리가 멋지다. 한라산지에서 지하수로 내려온 물은 바다를 만나니 어쩔 수 없이 어디선가 솟구쳐야 한다. 그곳은 용천수가 샘솟는 곳이기도 하다.

제주도에 피난 생활을 한 미술가로는 이중섭, 장리석, 김창렬, 최영림, 홍종명, 구대일, 옥파일, 최덕휴, 이대원 등이 있다. 이중섭은 서귀포에서 가족들과 함께 11개월 정도 거주하며 「서귀포의 환상」(1951), 「섶섬이 보이는 풍경」(1951), 「바닷가의 아이들」(1951)을 그렸고 이후 「그리운 제주도 풍경」(1954) 등 30여 점을 남겼다. 미술평론가 조은정은 논문에서 "이들 피난민 화가의 '목가적 유토피아의 형성과 전개' 가운데 이중섭의 「섶섬이 보이는 풍경」은 현실의 가혹함을 벗어나서 꿈꾸는 것 같은 평화로운 마을을 보여주고 있다."라고 하였다.

미술관을 나와 다시 서귀진 방향으로 걸어가는데 출출했다. 팥죽집이 보였다. 미술을 전공하지는 않았다는데 주인장 미술 솜씨가 좋아 보였다. 식물들과 손수 제작한 여러 공예품을 이용한 인테리어 감각도 돋보였다. 이웃한 서귀포문화원 공예 강사님에게 팥죽 쑤어드리고 개인적으로 배우기도 했단다. 팥죽 맛이 아내 소싯적에 장모님이 끓여주던 맛과 같단다. 아내는 팥죽을 참 좋아한다. 서귀포 시내로 나오면 한 그릇씩 먹고 가는 단골 식당이 생긴 것 같다.

사진 3. 이중섭의 「섶섬이 보이는 풍경」(1951).
사진 4. 이중섭미술관 옥상에서 찍은 섶섬이 보이는 풍경. 2022년 1월 4일.

사진 5. 이중섭미술관 주차장 부근 팥죽집 내부와 팥죽.

500만 원에 판 이중섭 '큰 그림'과 피난집 주인 초상화 이야기

2022년 11월 15일 오후, 사진가 함철훈 선생님과 함께 이중섭 피난 거주지를 찾았다. V.W.I.(Visual Worship Institute) 신설 사진반을 해외 선교사 대상으로 구성하고, 그 집중 강습을 서귀포 강정항 부근 펜션에서 열고 계셨다. 몽골 국제대학 교수를 사임하신 3년 전부터 선생님은 불가리아에 사신다. 소피아에서 잠시 제주에 오셨다. 이중섭 피난 거주지는 올레 6코스가 지난다. 올레 6코스 일부와 겹쳐있는, 이중섭거리에는 서귀포문화원, 2002년 개관한 이중섭미술관, 소품 가게와 카페, 이중섭 그림 벽화, 황소 조각품, 구상 시인 시비 등이 있다. 이 길은 서귀포 매일올레시장 조금 지나면 끝난다. 서귀포 매일올레시장은 제주시 동문시장 못지않게 유명하다. 이름처럼 관광객 발길이 매일 끊이지 않는다.

이중섭 가족은 용남 철수 후 부산을 거쳐 서귀포에 왔다. 사진 1 소가에서 오른쪽으로 대문이 달린 한 칸이 피난 거주지다. 저 안 한 평 남짓한 방에서 네 식구가 함께 살았다. 내가 선생님에게 말했다. "두 평도 안 되는 저 작은 골방에서 피난살이가 참 힘들었겠습니다. 배가 고파서 게나 잡아먹고, 살기 고달파 1년도 다 못 채우고 다시 본토로 나갔나 봅니다." 우리 대화를 옆에서 들었는지 마당에서 화초와 수목을 가꾸던 분이 입가에 미소를 가득 담고 어디서 왔냐 말을 걸으셨다. 이중섭 화백 피난살이 시절인 1951년에 8살이었다는 강치균 씨(80)였다. 이중섭 화백이 그림 그리는 모습을 보았단다. 이중섭미술관 문화해설사를 역임하셨다.

강치균 씨는 이중섭의 「섶섬이 보이는 풍경」에 나오는 초가집이 자기 초등학교 친구 집이었다고 한다. 당신은 지금은 이 집 건너편에 자리한 양옥집에 사신단다. 이중섭과 가까웠던 구상 시인이 이분에게 직접 준 '구상 육필 시 원고'도 가지고 있는데 이중섭미술관에 현대적 수장고가 생기면 기증할 것이란다. 그런데 복원된 집 골방 앞 부엌 겸 통로에 놓인 앙증맞게 작은 가마솥은 가짜란다. 이중섭 가족은 군인이 야전 훈련 시 사용하는 반합을 걸어놓고 취사를 했단다. 방 앞 통로에 저런 가마솥이 없었단다. 사진 1에 나온 저 집은 얼마 전에 새로 건립한 것이라는데 가짜 가마솥 아니고 나뭇가지에 걸린 실제 모양 반합이 문짝 안 골방 통로에 있었다면 내 마음은 더욱더 메였을 것 같다. "그때 피난민은 보리나 쌀 등 구호품을 받아먹었어요. 우리 섬사람들은 그것도 못 먹었어요."라고 알려주신다. 내 말과 달리 "피난살이 고달파도 이중섭은 가족이 함께 산 서귀포 시절이 가장 행복했을

사진 1. 서귀포 이중섭 피난 거주지를 찾은 사진가 함철훈 선생님. 2022년 11월 15일.

사진 2. 불가리아에서 오신 사진가 함철훈 선생님과 함께한 강치균 씨. 2022년 11월 15일.

것이다."라고 말씀하셨다. 자기가 그 가족들이 행복하던 모습을 보았고 기억이 생생하다 하셨다. 이 피난 거주지 조금 아래로 현재 이중섭 미술관 주차장이 된 곳에 큰 나무가 있다. 이중섭은 그 나무 아래서 그림 그리길 좋아하셨단다. 강치균 씨는 그림 그리는 이중섭 근처에서 놀았다 하신다.

이중섭은 1951년 1월부터 12월까지 서귀포에 머물렀다. 처음 산방산 부근에 자리 잡은 안덕면 화순항구에 도착했다. 이 먼 서귀포 읍내까지 오면서 가가호호에 들어가 묵을 곳을 청하다 거절당하며 여기까지 온 것이란다. 이 비탈길 아래에 있는, 지금은 이중섭거리가 된 교차로에서 이중섭 가족은 이 집 주인 눈에 띄었단다. 어린 자식 둘을 데리고 떠도는 피난민 가족이 가여워 이 집에서 거두어 주신 것이다. 내가 말했다, "방도 많은데 방 하나 더 주지 저렇게 작은 골방만 주셨네요." 그때는 저런 방도 귀했단다. "이 집 주인이 이 동네 반장 댁이고 농사가 많았어도 아들 욕심에 딸 다섯 낳다 보니 방이 남지는 않았다."라고 자세히 알려주신다. 아주 작은 저 골방에서 네 식구가 함께 살며 이중섭은 「서귀포의 환상」, 「게와 어린이」, 「섶섬이 보이는 풍경」 등 불후의 명작을 남겼다.

강치균 씨 아버님은 이중섭 화백이 선한 사람이라 하셨단다. 어른은 이중섭 화백에게 담배를 자주 사주셨다. 내 생각에 그 사주신 담뱃갑 안 속껍질인 은박지들이 전설적인 이중섭 은지화 재료가 되었을 것이다. 이에 보답해 1951년 12월 이중섭 화백이 제주를 떠날 때 이 분 아버님에게 '큰 그림'을 주었단다. 은박지나 엽서 크기가 아닌 큰 그림을 받았다고 한다. 거실에 걸려있어 어린 시절부터 늘 보던 그림이란다. 이를 강치균 씨가 청년일 때 자기 친구가 소개한 서울 어떤 교수님에게 아버님이 500만 원에 팔았다며 애석해한다. 자기도 아버님도 그땐 그 그림의 가치를 몰랐단다. 세월이 흐른 후 그 그림이 「서귀포의 환상」이고 지금은 서울 어느 미술관에 있다는 이야기를 들었다 하셨다. 폭이 96cm인 「서귀포의 환상」은 지금까지 알려진 이중섭의 작품 가운데 가장 큰 그림이다. 평화를 상징하는 흰 새 세 마리와 들것에 과일을 가득 담아 나르는 아이들이 그려져 있다(그림 1). 이중섭 화백이 자기 꿈에 나타난 환상처럼 그렸다고 강치균 씨 아버지에게 설명했다 한다.

강치균 씨는 자기 집 거실에 있던 그 그림에는 큰 물고기를 어깨에 멘 어린이가 그려져 있었다고 했다. 그림 2는 일본에 간 아이들을 그리워하며 이중섭이 그린 것이다. 큰 물고기를 어깨에 멘 어린이가 나온다. 1954년 작이니까, 1951년 서귀포를 떠나며 강치균 씨 아버님에게 준 작품보다 3년 뒤 작품이다. 강치균 씨 아버님이 1951년에 받았다는 큰 그림에 어린이가 큰 물고기를 어깨에 메었다 하니, 아마도 저런 모습이었을 것이다. 글을 쓰며 생각하니 강치균 씨 가족이 받은 것은 이 「서귀포의 환상」이 아닌 다른 큰 그림일 수도 있겠다. 그림 1에는 큰 물고기가 없다. 서귀포 시내에 나가면 강치균 씨를 다시 만나 이중섭 회첩을 넘기며 여쭈어야겠다.

내친김에 여쭈었다. "이중섭 이야기를 살펴보면 이 주인댁 바깥양반 초상화를 선물했다는 기록이 있습니다. 그 초상화는 어디 있나

그림 1. 이중섭 작 「서귀포의 환상」, 나무판에 유채, 56×96cm, 1951년 작.
그림 2. 이중섭 작 「물고기와 두 어린이」, 종이에 유채, 26×17.6cm, 1954년 작.

요?” 주인집 아주머니께서 소각했단다. 죽은 남편이 꿈에 자꾸 나와 놀라 깨면 안방에 건 그 초상화가 보이기에 태워버렸다고 한다. 피난살이 주인집 아주머니는 마사코 여사와 동갑이었고 정겹게 서로 친구 하며 살았단다. 안주인은 재작년 전해에, 마사코 여사는 재작년에 소천했다.

내 아내는 서양화를 전공한 사진가다. 본토에서 누가 오지 않아도 우리는 이중섭 거주지와 미술관은 가끔 간다. 둘 다 미술관 주차장 근처 팥죽집을 좋아해서 더욱 그렇다. 여러 번 방문했어도 강치균 씨를 만나 이중섭 화백 피난 시절 이야기를 듣게 된 것은 처음이다. 함철훈 선생님께서 제주에 오시니까 이런 행운이 더해졌다.

7.

중산간 사려니오름 삼각지대

사려니-넙거리-머체, 오름 삼각지대와 머체왓숲길 발견

제주 유명 관광지인 사려니숲길에서 남쪽으로 약 9km 떨어져 있는 난대아열대 산림연구소 통제 지역 남단부에 '사려니오름'이 있다. 정작 사려니오름은 사려니숲길 개방 구간에서는 보이지 않는다. 사람들은 사려니오름이 어디에 있는지도 모른 채 진짜배기 '사려니오름 숲길'에서 뚝 떨어진 그 '사려니숲길'을 다녀간다.

2022년 1월 31일, 설 연휴 첫날이다. 연휴 기간에 많은 관광객이 제주에 들어왔는데 해안지대로 몰리는 것 같다. 난 멀리 가지 않고 남원읍 오름을 오르고 주변 숲길을 걷고 싶어졌다. 남원읍 오름 중에서 이름은 유명한데 내가 가본 적이 없는 오름군을 찾았다. 사려니와 넙거리와 머체 오름으로 구성된 '사려니-넙거리-머체 오름 삼각지대'가 그것이다. '사려니-넙거리-머체 오름 삼각지대'란 말은 김종철의 저서

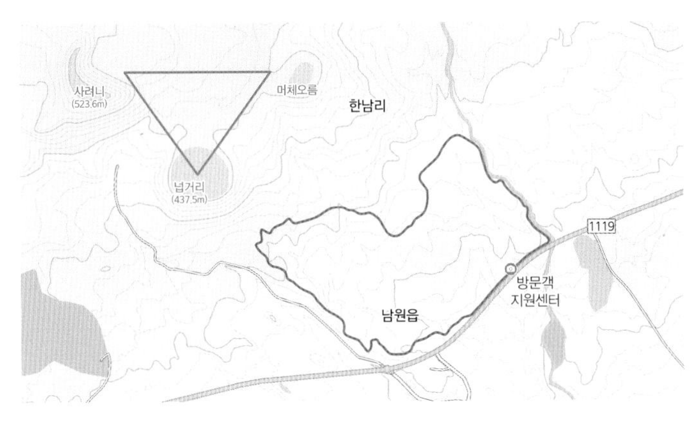

그림 1. 한남리 산록남로변에 위치한 사려니오름 삼각지대(주황색 삼각형)와 머체왓숲길(분홍선) 위치

『오름나그네(1~3)』(2020, 다빈치)에서 이 세 오름이 한 묶음으로 저술된 내용을 바탕으로 내가 지금 지어낸 말이다.

공천포에서 한남리 사려니오름으로 가는 도중에 같은 신례리 소재 테마파크 휴애리 부근 매실밭에서 갓 핀 청매화를 보았다(사진 1). 성큼 다가오는 봄을 느끼고 지도 보며 찾아가니 바리케이드가 내려진 산림청 난대아열대 산림연구소 한남시험림 사려니 초소가 있었다. 지금은 겨울철 산불 조심 입산 통제 기간이란다. 한라산 둘레길에서 여기 사려니오름을 지나 관광지인 사려니숲 개방 구간까지 가는 산책길이 지금은 통행금지였다. 5월이면 열린단다. 사려니오름에 갈 수 없었나. 여기 숨겨진 오름 삼각지대에 있을 원시림이 궁금하다.

보고 싶던 사려니오름 남사면과 덤으로 넙거리오름 서사면을 가까이에서 구경하고 산림욕을 조금 했다. 사려니 초소 부근에서 지금도

사진 1. 신례리 휴애리 농원 근처 매실밭에 피는 매화.
매화가 핌은 같아도, 매실 수확용은 매실나무, 꽃 감상용은 매화나무라 한다.

열려있는 한라산 둘레길의 하나인 수악길 구간을 걸어오는 사람을 보았다. 예정된 제주살이 1년 3개월 동안에 해안가 마을을 도는 올레길도 완주하겠지만, 이 한라산 둘레길도 완주하고 싶은 마음이 생긴다. 사려니오름과 넙거리오름의 우아한 자태를 사진기에 담고 인근 머체왓숲길 탐방지원센터로 갔다. 아니 여기는 무엇일까? 느쟁이밭? 머체악 숲길? 머체오름으로 가는 길? 궁금하다. 찾아온 사람이 많다. 머체오름은 알고 있었지만 '머체왓숲길'은 제주에 오기 전에 안 것은 아니다. 탐방지원센터 주차장은 만석이고 사람이 많다. 내심 놀랐다. 인터넷을 살피니 tvN <바퀴달린 집> 촬영지다(2021년 7월 2일 방영). 안내판에 머체왓숲길(6.7km), 머체왓소롱콧길(6.3km), 서중천 탐방로(3.0km)란 3개의 코스가 있고, 2시간 30분, 2시간 20분, 1시간 20분 정도 소요된다고 써 있다. 이 가운데 작년 태풍 피해로 폐쇄되었던 머체왓숲길 코스는 지난 1월 1일부터 다시 열렸다 한다.

머체왓숲길들은 백록담이 보이도록 탁 트인 느쟁이밭에서 시작된다. 머체왓숲 입구에서 개활지 평원(느쟁이밭)으로 들어서면 백록담 방향으로 사려니오름 상부가 잘 보인다(사진 2, 3). 사진 2에서 한라산 앞에서 백록담 아래로 보이는 것이 넙거리, 그 바로 오른쪽 삼각형 모습 정상부만 보이는 오름이 사려니오름이다. 역시 사진 2에서 노란 옷 입은 사람이 사진을 찍는 나무와 겹쳐진 능선이 머체오름(마체악)이다. 한자음으로는 머체와 비슷하게 마체악(馬體岳)으로 지도에 기재되다 보니까 말 형상인 것으로 소개한 글들도 더러 보인다. '머체'는 제주어로 '돌'이다. 돌산이란 뜻이다. 오름을 산, 악이라고 부르는 경

사진 2. 머체왓숲길 탐방로 입구에서 바라본 사려 - 넙거리 - 머체 오름과 한라산. 2022년 1월 31일.

사진 3. 사진 오른쪽 두 그루 동백나무 오른편 뒤로 보이는 오름이 머체오름이다. 2022년 3 월 30일.

우가 있다. 악, 산, 오름에 형태나 규모에서의 지형학적 기준은 없다. 지리학자로서 신천지를 발견한 기분이다. 안내센터 옆 느쟁이발 입구에서 사진 몇 장 찍고 해 질 무렵이라서 일단 가까운 공천포 집으로 왔다.

사려니숲길에 사려니오름이 있다? 없다?

'사려니'는 '살안이' 혹은 '솔안이'라고 불리는데, 여기에 쓰인 '살' 혹은 '솔'은 신성한 곳이라는 신역의 산명에 쓰이는 말이라는 설이 있다. 즉, 사려니를 신성한 곳이라는 뜻으로 인식하는 주술적인 해석이다. 그 외 사려니에는 '실 따위를 흩어지지 않게 동그랗게 포개어 감다'라는 뜻이 있다고 한다. 창조주 하나님 눈에 사려니오름은 어떻게 보이실까? 항공사진으로 보면 사려니오름 분화구 모습은 북동쪽이 침식되어서 자연을 오름 안으로 감싸는 굼부리 모양이다. 내가 국어학자는 아니지만 '사려니 하다'는 말을 쓰면 어떨까? 살며시 '사려니' 하게 동그랗게 주변을 감싸주는 모습에서 이 오름 이름을 '사려니오름'이라고 표현하지 않았나 싶다.

제주의 유명 관광지 사려니숲은 1932년에 심은 삼나무와 더불어

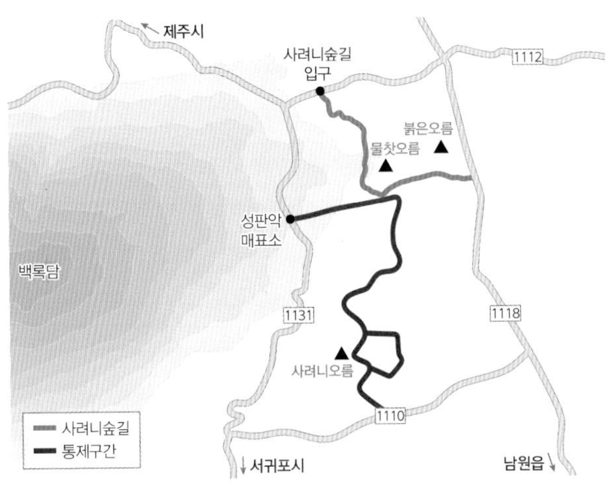

그림 1. 사려니숲길 지도.

졸참나무, 서어나무, 때죽나무, 편백나무 등 다양한 수종과 동물이 서식한다. 2002년 유네스코가 지정한 제주 생물권보전 지역(Biosphere Reseve)이다. 차량 통행이 이루어지다가, 2009년부터 차량 출입을 통제하고 국제 트레킹 대회도 열었다. 현재는 제주를 대표하는 숲과 숲길이 되었다. 올레길에 버금가게 인기가 많다. 이 사려니숲길에 사려니오름이 있을까? 정답은 '있어도 없는 것 같다'다.

그림 1을 보면, 녹색으로 칠한 구간만 사려니숲길로 표시했다. 사려니오름은 이 사려니숲길 부근에는 아예 없다. 평시에는 남원~조천 간 도로인 남조로(1118번 도로) 변 붉은오름 입구와 비자림로(1112번 도로) 쪽 사려니숲길 입구를 연결하는 구간만 일반인에게 개방하기에 그렇다. 물론 평소 개방 구간도 너무 좋다. 평소 남원에서 제주시로 오갈 때 보면, 주말마다 붉은오름 인근에 설치된 1118번 도로변

주차장에는 차가 넘친다. 빨간 선으로 표시된 통제 구간이 개방되는 때도 있다. 여름철마다 부정기적으로 며칠 또는 몇 주를 물찻오름에서 사려니오름이나 성판악 매표소로 오가는 숲 구간을 개방한다. 개방 행사 명칭은 '사려니숲 에코힐링 체험'이다. 이 행사명을 보면 평소에는 못 다니는 통제 구간이 더 신비롭고 아름다우며 숲 치유가 잘될 것으로 느껴진다. 그러나 작년(2021년)에는 통제 구간에서도 그 전과 달리 물찻오름에서 성판악 오가는 길만 개방되었다. 무슨 일인지 '진정한' 사려니숲길이라 할 물찻오름(사려니숲 삼거리)에서 사려니오름을 오가는 숲길(약 9km)은 개방하지 않았다.

그럼 사려니 포근하게 감싸줄 것 같은 사려니오름은 이제 여름 행사 때 아니면 일반인은 접근할 수 없을까? 아니다. 매년 산불 조심 입산 통제 기간이 끝나는 5월이 오면 기회가 온다. 난대아열대 산림연구소의 한남시험림 보호구역에 속한 사려니오름 주변부 숲길이 10월까지 열린다. 연구소에서 운영하는 남원읍 한남리 사려니오름 기슭에 있는 사려니 초소를 통해서 출입한다. 사려니오름은 난대아열대 산림연구소에서 운영하는 홈페이지에 탐방 3일 전까지 예약하면 출입이 가능하다.

사진 1의 저 바리케이드가 열리는 시기에는 A, B, C, 3개 코스로 구성된 숲길을 즐길 수 있다. 어쩌면 더 진정한 사려니숲길 일부를 자유로이 산책하며 사려니오름 정상부에도 오를 수 있다. 여기는 찾는 이가 별로 없다. 한적한 숲길의 아름다움과 쾌적함을 만끽할 수 있는 숨겨진 명소다. 앞글에 쓴 대로 5월까지는 길이 막혀 이날에는 사려니

사진 1. 사려니 초소와 바리케이드가 내려진 숲길. 2022년 1월 31일.

사진 2. 사려니오름 남사면. 한남시험림에서 베어 낸 삼나무들이 사려니 초소 부근 주차장 공터에 쌓여있다. 2022년 1월 31일.

오름 남사면 부근에서 산책하고 발길을 돌렸다. 그래도 초소 밖 주차장에서 사려니오름을 보았다(사진 2).

사려니오름 남사면에는 1932년 이후 심은 삼나무가 빼곡하다. 저 능선 너머에서 북동쪽으로 사려니 열려서 자연과 사람을 포근히 안아줄 굼부리인 사려니오름 내부 모습이 자못 궁금하다. 난대아열대산림연구소 시험림 지대 안에 있으니, 삼나무숲은 물론이려니와 원시적 난대림과 아열대림의 아름다운 자태도 숨어있을 것 같다. 다음(DAUM) 지도에서 보면 넙거리와 마체오름과 삼각지대를 이룬 사려니오름은 북동쪽으로 포근히, 사련하게 열린 화산 지형이다(그림 2).

지리학자인 나로서 개인적으로 크게 존경하는, 수십 년간에 걸쳐 한라산을 1천 회 이상 등반하는 등 제주도 전역 오름을 답사하고, 오

그림 2. 좌상부 북동쪽으로 반월형으로 열린 오름이 사려니오름이다.

름의 지형적 특색에 더하여 거기 서식하는 동식물과 인문지리적 내용까지 담은 위대한 저서 『오름나그네』를 남기신 언론인 고 김종철 선생님은 '사려니'는 어원을 알 수 없으며, 옛 지도에는 사련악(四連岳)으로 돼 있다고 했다.

5월에는 열린다는 사려니오름 길을 찾아오련다. 아니 5월이 오기 전에도 사려니오름 주변 개방 지역에서 떼 판으로 피어난다는 때늦은 만화, 허다기 꽃들과 놀고 싶다. 하나님이 창조하신 자연과 꽃들의 아름다움을 카메라 필름과 내 심상에 담고 싶다.

사려니숲길 아닌 사려니오름 길 걸으며

사진 1에서 희미한 백록담 앞으로 중경에 양편으로 순하게 능선을 넓게 뻗은 넙거리오름이 보이고, 우측에 삼각형 정상부만 조금 보이는 것이 사려니오름이다. 저기에 사려니숲길이 있을까? 아니다. 앞글에 쓴 대로 일반에게 연중 공개되고 잘 알려진 사려니숲길로 길은 연결되지만, 전혀 다른 곳이다. 사려니오름은 산림청 난대아열대 산림연구소의 한남시험림에 속해 있다. 예약자만 사려니오름으로 들어갈 수 있다.

산림청 누리집에서 8월 3일 오전 10시 입장으로 며칠 전에 예약 신청을 하고 한남시험림 탐방로 입구인 사려니 초소를 통과했다. 새벽에 소나기가 내렸다. 숲길 공기가 상큼하고 촉촉했다. 탐방로에서 멀동남오름과 사려니오름을 오르지 않고 숲을 즐긴다면 임도로 조성된

사진 1. 머체왓 느쟁이밭에서 바라본 희미한 한라산과 넙거리와 사려니오름. 중경에 희미하지만 크게 보이는 것이 넙거리, 맨 우측 겹산 중간으로 삼각형 정상부가 보이는 것이 사려니오름이다. 느쟁이밭에는 아직 가을 메밀이 파종되지는 않았고 들꽃이 피었다. 2022년 6월 16일.

사진 2. 탐방로 초입 숲에 아침 햇살이 떨어진다. 2022년 8월 3일.

평탄한 숲길로만 즐길 수 있다. 남녀노소 누구에게나 부담 없이 즐길 숲길이다. 쾌적하고 아름답고 다채롭다. 내가 아는 숲길 중에서 단연 최고다. 숲에는 아침 햇빛이 쏟아지고 있었다(사진 2). 오늘따라 숲을 스치는 바람도 시원하게 불었다. 사려니오름 정상에 오를 때를 빼고서는 더위를 전혀 몰랐다.

산책길 처음부터 힘을 빼면 안 된다. 대충 눈으로 봐도 멀동남오름은 높아 보이지 않았다. 초입 부분임에도 불구하고 멀동남오름 정상을 거쳐 가기로 맘을 먹은 것은 축복이었다. 오늘따라 오름 숲에 운무가 들어온다. 나뭇가지들 사이로 들어오는 빛 내림이 숲 안개를 배경으로 아름답게 앵글에 담긴다. 삼나무 숲속까지 시원히 바람이 분다. 폭염 경보가 내린 날이라고 전혀 느낄 수 없었다. 이런 행복, 또 어디서 언제 누려볼지 아름다운 꿈결 같았다.

정상에 오르니 남쪽으로 공천포가 한눈에 들어온다. 공천포 전지훈련센터 주 경기장과 축구장, 야구장도 잘 보인다. 겨울바람 약하고 한국에서 제일 따뜻한 남원읍 신례리 공천포에 자리한 겨울철 피한지 운동 센터다. 저기 공천포 바닷가에 일단 지난 12월부터 5월까지 살았던 집이 있다. 확실히 사람은 자기가 사는 동네 주변을 더 많이 찾게 되고 알게 된다. 가을 되면 저 공천포 집으로 다시 돌아갈 것이지만, 이번 여름에는 제주시 지역을 더 많이 답사하고 연구하고자 제주시 연동에 집을 얻었다. 그래도 이 사려니오름 길은 개방 기간(5~10월)이 있어서 이제 찾았다. 공천포에 살 때인 겨울과 이른 봄에는 들어올 수 없었다.

사진 3. 멀동남오름에서 정상으로 가는 길가 삼나무 숲과 하층식생. 고사리 등 하층식생에 빛이 반짝인다. 이름 모를 풀은 난초는 아닌데 자아내는 곡선이 난처럼 아름답다. 2022년 8월 3일.

사진 4. 시험림 탐방로에서 만난 난대아열대 자연식생림. 2022년 8월 3일.

사진 5. 탐방로 북단 미공개 지역 차단 바리케이드. 저기서 북으로 9km 더 걸으면 연중 개방 유명 관광지인 사려니숲길과 만난다. 오른쪽에 제주에서 가장 오래된, 거목들인 삼나무 전시림이 있다. 2022년 8월 3일.

사진 6. 삼나무 전시림 인근 갈림길에서 사려니오름으로 가는 길. 오른쪽은 삼나무 숲, 왼쪽은 난대아열대림이다. 인공 숲인 삼나무림 외에도 난대아열대 자연식생이 군데군데 섞여 있어서 더 좋다. 2022년 8월 3일.

시험림 탐방로에는 삼나무 숲 외에도 다채로운 난대아열대 자연식생림 지대도 있다(사진 4). 개방지 북단까지 올라가면 1933년에 심은 제주도에서 가장 오래된 삼나무 전시림 입구가 있다. 90년 되었다. 이에 관한 글은 다음 글에 별도로 쓴다. 웅장하고 참으로 아름다운 숲길이라고 아니할 수 없다. 삼나무 전시림 근처로 가면 거기서 북으로 올라가는 길이 막혀있다. 넓은 임도에 바리케이드가 내려와 있다(사진 5). 거기서부터 북쪽으로는 시험림 미공개 구간이다. 저 바리케이드 너머서 9km를 더 가면 유명 관광지인 '사려니숲길'로 연결된다.

저 바리케이드 쳐진 숲 북단에서 다시 조금만 되돌아와 내려오면 갈림길이 나온다. 거기서 사려니오름 방향으로 들어서면 역시 탁 트인 임도가 길게 뻗어있다. 그 길 한쪽은 삼나무 숲이고 반대편은 난대아열대림이다(사진 6). 이 숲길은 이처럼 난대아열대 자연식생이 군데군데 섞여 있어서 더 좋다. 이 길들은 평탄하고 넓다. 가파른 사려니오름을 오르지 않는다면 누구나 쾌적하게 산책하기 좋을 것이다. 오름을 우회해서 입구 초소로 나가는 길이 있다.

이 길 끝에 있는 사려니오름 등반로 입구까지 아무도 만나는 사람 없이 나 홀로 내내 걷다가 노루를 만났다(사진 7). 카메라를 서서히 들어 올려 초점을 맞추고 셔터를 여러 번 눌러도 녀석은 바라만 보았다. 촬영 후 "건강하게 잘 살아라"고 소리쳐 덕담을 건네도 가만히 듣는다. 그 이후에 내가 살짝 움직이니까 그제 녀석이 큰소리 울음을 지르며 내달려 사라졌다. 진기하고 기분 좋은 경험이었다.

사려니오름 분화구는 북동쪽으로 침식되어 열린 말발굽형이라는

사진 7. 사려니오름 등반로 입구 근처 숲에서 만난 노루. 2022년 8월 3일.

사진 8. 사려니오름 정상부 모습. 정상부와 북사면에는 동백나무, 때죽나무, 서어나무 등이 섞여 자란다. 겨울철에 본 사려니오름 남사면 삼나무 숲과 대조적이다. 2022년 8월 3일.

데 숲에 가려 잘 식별되지는 않았다. 정상에서 북동쪽을 바라보면 정상부부터 아래로 난대림이 쭉 이어지고 그 너머에 지나왔던 삼나무 숲들이 보인다. 이 우뚝한 사려니오름이 저 숲들을 남쪽 바다의 거센 태풍으로부터 사려히 포근하게 감싸주는 느낌이 들었다. 멀리 한라산 동부 능선에 늘어선 거문오름계 여러 오름이 보였다(사진 9). 안내판이 없어서 각각 이름과 위치를 식별하지는 못했다. 오름을 직선으로 내려오는 나무 데크 길은 우리 가족이 제주에 오면 함께 자주 찾는 물영아리오름보다 더 가파르다. 군데군데 직선으로 내려가다 힘든 사람들을 위하여 지그재그로 도는 우회 산책길도 있다. 섬세한 배려에 감사했다. 여기는 최근 유명해진 관광지인 남원읍 휴애리와 머체왓숲 그리고 사려니숲길에서 가까운 곳이다. 이 신비한 숲은 명소 사려니오름 길에 오려면 최소 3일 전에 예약해야 한다. 그냥 가면 사정해도 초소에서 절대로 안 들여 보내준다. 올여름도 비행기가 거의 만석으로 제주로 온다는데, 여기는 사람이 없다. 찾는 사람 많은 사려니숲길 아닌 이 사려니오름 길은 아름답고 쾌적하고 신비롭다. '사려니오름 길'을 나 혼자 간직하고 즐기기에는 너무 아깝다.

사진 9. 사려니오름 정상에서 북동쪽으로 본 모습. 거문오름계 여러 오름이 보이는데 안내판이 없어서 각각 이름과 위치를 식별하지 못해 아쉬웠다. 조선 시대에 마방목지로 쓰였을 드넓은 중산간 평원지대가 시원하게 펼쳐진다. 2022년 8월 3일.

8.

머체왓숲길들 걸으며

느쟁이밭과 머체왓숲길

2022년 2월 3일 목요일 이른 오후다. 머체왓숲길이 궁금해서 참을 수 없었다. 며칠 전 발견한 미지인 머체왓숲길로 향했다. 어제 제주시 관음사 입구에서 탐라계곡까지 등반하고 왔다. 사실 아내는 쉬고 싶은 눈치였다. 게다가 내일 본토에서 아들이 온다. 집 청소 겸 아들 줄 음식을 마련하려는 아내를 꼬드겼다, 머체왓숲길로 가자고. 나를 배려해서 아내가 기꺼이 동행해 주었다. 늘 그렇듯이 평생을 양보하고 나를 사랑해 주는 아내다. 일기예보와 달리 남원읍 하늘은 화창했다. 머체왓숲길은 내가 개인적으로 명명한 사려니오름 삼각지대(사려니-머체-넙거리 오름 연결 지대) 남쪽에 있다. 머체왓숲길은 넙거리와 머체 오름 남동부 느쟁이밭 주변 숲과 그 옆을 흐르는 서중천 냇가를 따라 구성한 숲길들이다. 남원읍 한남리 마을 주민들(영농조합 대표 고철희)이 2012년부터 조성했다. 물론, 그 이전에도 임도와 목장 길은 있었고 느쟁이밭 가장자리에는 화전민 마을도 있었다. 4·3 때 없앤 이 마을 집터는 다시 숲에 덮였다.

머체왓숲길 이름과 동어반복적인 머체왓숲길 코스가 지난 1월 1일부터 다시 열렸다. 머체왓숲길에는 이외에도 머체왓 소롱콧길 코스와 서중천 탐방로 코스가 더 있다. 3개 코스 중 머체왓숲길은 백록담이 보이도록 탁 트인 느쟁이밭에서 시작된다. 6.7km로 산책에 2시간 30분 정도 걸린다. 넙거리오름 기슭 구간에서 약간의 오르막과 내리막이 몇 번 있지만 대체로 평평한 숲길이다. 걷기 좋다.

이날따라 숲을 스쳐 지나는 바람 소리가 사박사박해서 아내가 너무너무 좋아했다. 어린 소녀 시절에 읽은 『알프스의 소녀 하이디』라는 소설에 이런 바람 소리를 즐겨듣는 하이디가 나온단다. 길을 따라나서 준 아내를 기쁘게 해주는 이 숲 바람 소리가 정말 고맙다. 오롯이 숲 향기와 바람을 느끼기 좋았던 날이다. 넙거리오름 기슭 야생화길 구간에는 꽃들이 곧 다시 피어날 성싶다.

느쟁이밭에 들어서면 넙거리오름, 사려니오름, 머체오름이 백록담 방향으로 보인다. '느쟁이'는 메밀을 갈아 가루를 체에 쳐내고 남은 '메밀 속껍질(메밀 깨)'을 일컫는 제주어다. 이 느쟁이밭은 중산간은 마방 목초지로만 사용하도록 농사를 엄격히 금지하던 조선 시대가 끝나자 화전민이 들어와 농사짓던 곳이다. 말이 넘나들지 못하게 돌담처럼 쌓은 잣성이 숲 안에 여러 겹으로 지난다. 화전민 마을 터 집자리 울담, 화덕자리 등이 이 머체왓숲길 코스 안에 남아있다.

사진 1. 머체왓숲길 안내도.

사진 2. 머체왓숲길 입구. 2021년 여름 태풍 피해로 폐쇄되었던 이 머체왓숲길 전체 이름과 동어반복적인 머체왓숲길 코스가 2022년 1월 1일부터 다시 열렸다. 머체왓숲길에는 이 외 소롱콧 숲길 코스와 서중천 탐방로 코스 등 2개 코스가 더 있다.

앞의 '일 년 두 번 짓는 제주 메밀'(☞ 150쪽)에서도 말했지만 화산회토는 척박한 토양이다. 현무암질 화산회토는 인과 질소를 빨아들여 오늘날의 화학비료도 웬만큼은 무용지물이 된다. 이 땅은 유달리 더 척박했던 것 같다. 메밀 속껍질(메밀 깨), 느쟁이처럼 하찮은 땅이란다. 이 느쟁이밭에서는 메밀도 제대로 자라지 못하니까 메밀 속껍질이나 얻었다는 뜻인 것 같다. 인공비료가 없던 그 옛날에 이 현무암질 화산회토 느쟁이밭이라도 일구고 살아간 제주민들의 애환이 바람에 스치는 듯하다. 오늘날은 이토록 눈이 부시게 아름다운 땅이다. 다음부터 이어지는 사진 여섯 장에 머체왓숲길 코스 이모저모를 담았다.

사진 9는 1코스인 머체왓숲길이 조성된 시기인 2012년에 서귀포시에서 세웠던 머체골 집터 안내 간판이다. 쓰러진 채 방치되어 있다. 머체왓이 돌밭이라는 의미와 4·3사건으로 마을이 소개되고 복귀되지 않은 잊힌 마을이라는 것과 문 씨, 한 씨 등이 살고 있었는데, 2012년 당시 77세(생존하신다면 89세)인 문태수 옹이 초등학교 2학년이었고, 현재 한남리에 거주하신다는 내용 등이 쓰여 있다. 여기에는 없지만, 산에서 내려오면 살려준다는 삐라(전단)를 보고 내려간 마을 사람 중에 남자들은 죽임을 당하고 여자와 어린아이들만 살아남았다는 글을 인터넷에서 보았다. 사라진 마을 터, 숲속 무너진 울담들을 지나칠 때 스산했다. 1947년부터 1954년까지의 4·3사건으로 이곳 느쟁이밭 화전민 마을도 소개되었다. 이후 60여 년간 사람의 흔적 없이 소와 말이 뛰어놀던 장소였다.

사진 3. 머체왓숲길 풍경 1(동백나무 군락지).

사진 4. 머체왓숲길 풍경 2(방애흑 지점, 화전민이 만든 밭담과 화전터).

사진 5. 머체왓숲길 풍경 3(머체왓 숲속 옛 집터와 산림욕 치유 쉼터 이정표).
사진 6. 머체왓숲길 풍경 4(산림욕 치유 쉼터가 있는 편백나무 숲길 구간).

사진 7. 머체왓숲길 풍경 5(목장길 구간).
사진 8. 머체왓숲길 풍경 6(출구 부근).

한국 자연식생은 50년이면 자연의 극치인 극상식생 상태(Climax Vegetation Stage)에 도달한다. 불을 질러 화전 농사를 지은 자리에 풀 한 포기 없었다고 해도 제주도는 따뜻해서 30년 만에도 식물계가 극상식생 상태에 이를 수 있다. 10여 년 전에 지리학과 학생들과 함께 제주를 답사할 때 제주대 생물학과 박사과정이던 물영아리오름 자연해설사님에게 배운 내용이다. 여기 쓰인 4·3사건 이후로도 이제 30년의 2배가 훨씬 넘는 세월이 흘렀다. 이 일대 오름에 일제강점기부터 심은 편백나무 인공림 지대를 제외하고 나머지 부분은 다시 원시림 극상 상태로 돌아갔거나 도달하고 있었다. 너무 좋다. 머체왓숲은 수려한 서중천을 따라 그리고 목장 초지 주변부 숲 지대를 따라 동백나무숲, 삼나무숲, 편백나무숲, 조록나무 군락, 참꽃나무 군락이 어우러진, 자연이 우리에게 선사하는 선물이다.

이렇게 아름답고 귀한 난대아열대 원시림이 있어 휴양 산책길도 제공하는 국유지와 사유지가 섞인 이 머체왓 일대는 골프장이 될 뻔했다. 90년대 중반 머체왓 목장지 일대를 골프장으로 만들겠다는 사업계획이 제시되었다. 제주도에 골프장이 우후죽순 여기저기 들어서던 때다. 남원읍 한남리 주민들 반대로 그 조성계획은 무산되었다.

이런 머체왓숲을 한남리 주민들이 영농조합을 이루어 지키고 가꾸어오셨다니 감사한 일이다. 숲 입구에 있는 탐방지원센터 건물 앞에 2018년 산림청과 (사)생명의숲국민운동, 유한킴벌리 주최 '아름다운 숲 전국대회 공존상' 수상 안내 입간판이 있다. 이 숲길 관리 주체로서의 머체왓숲길 영농조합법인이 기재되어 있다. 숲길 산책 후 이

사진 9. 머체골 집터 안내판. 잃어버린 마을처럼 쓰러지고 방치되었다.

탐방지원센터 카페 머체왓 & 족욕 체험장 운영실장인 홍서영 씨에게 누가 이 숲길을 만들었고 운영하는지, 입장료를 안 받는 이유 등을 들으니, 다음과 같다.

오늘날, 이 머체왓숲길은 서귀포시로부터 위탁받아 머체왓숲길 영농조합법인이 운영한다. 한남리와 위미리 등 주변 농민들이 만든 법인이다. 머체왓숲길 입구 카페는 2016년 7월에 오픈했다. 이후 작년에 제주 국제자유도시개발센터(JDC) 마을공동체 지원 사업에 선정되어 카페를 보강했다. 머체왓숲길 방문자 지원센터 공간으로 요즘 숲 여행 트렌드에 맞는 힐링 공간이 되도록 만들었다. 행정안전부 2021년 마을기업 공모에도 선정되어 1억 원의 사업비를 지원받았다. 이런저런 지원 사업과 머체왓숲길 영농조합법인 자체 노력으로 작년 태풍 피해로 폐쇄된 1코스, 머체왓숲길 구간을 재단장하여서 얼마 전인 1월 1일에 다시 오픈하였다.

이 부분은 인터넷에 떠도는 이야기와 다르다. '자연휴식년제'로 머체왓숲길을 폐쇄한 것이 아니란다. 숲 안 시냇물 소계곡 등지의 태풍 피해를 복구할 인력과 재정 여력이 부족했단다. 숲길 입장료가 없어서 좋지만, 고민이 되는 지점이란다. 그런데도 2021년에 2코스인 소롱콧숲길 구간은 열려있었다고 한다. 친절하게 나중에라도 궁금한 것이 생기면 연락하라며 머체왓숲길 영농조합법인 대표님 전화번호도 알려주셨다. 홍서영 씨 말씀에 따르면 2012년 이후 꾸준히 입소문이 나서 탐방객이 늘어오다가 작년(2021년) 7월에 tvN 프로그램 <바퀴 달린 집>에서 소개된 이래 아주 더 많이 온다는 것이다. 이제 나를 포함해서 대중들에게 알려지는 숲이다.

오늘 머체왓숲길 산책에서 들은 숲속 숲 바람 소리는 평생을 못 잊을 것 같다. 느쟁이밭 지나는 시작 부분과 숲 밖으로 나오는 마무리 구간에서 한라산을 보며 걸을 수 있는 점도 참 좋다. 산책이 끝날 무렵, 느쟁이밭에 심긴 느영나영(너랑나랑)나무로 걸어가는 아내에게 쏟아지는 햇살이 황홀하다(사진 10). 밤이 오고 아들이 왔다. 공천포로 이주하고 주일이면 예배에 참석하는 신례교회에서 머체왓은 차로 10분 거리다. 내일 주일예배 후에 머체왓숲길 2코스인 머체왓 소롱콧 숲길을 함께 걷기로 했다. 아들과 함께 아직 미지인 그곳에 갈 생각에 맘이 설레었다.

사진 10. 머체왓 느쟁이밭 느영나영나무.

머체왓 소롱콧길 서중천 습지

머체왓숲은 사려니-넙거리-머체 오름이 분포한 서귀포시 '사려니오름 삼각지대' 남쪽에 있다. 서귀포시 남원읍 한남리에 속한다. 머체왓숲에는 머체왓 소롱콧길도 있다. 2014년에 머체왓숲길에 이어서 두 번째 코스로 조성되었다. 머체왓(돌밭)과 이름이 유사한 머체오름(돌오름) 쪽에서 흘러오는 서중천을 따라 도는 코스다. 얼마 전, 설 연휴 때 알았고, 머체왓숲길에 이어서 머체왓 소롱콧길을 20여 일만에 찾았다. 여기는 무엇이 또 나와 아내를 반겨줄까?

다른 숲길과 달리 인공림 지대 외에는 사람 손길이 많이 닿지 않은 곳이다. 숲을 걷다 보면 군데군데 머체왓숲길 지도 안내판이 나온다(사진 2). 사진 2에서 보라색 선이 머체왓 소롱콧길이다. 전반부에는 인공림인 편백나무로 이루어진 치유의 숲 구간이 대부분이다(사진 4,

사진 1. 머체왓 소롱콧길 시작부 느쟁이밭 부근 목장길. 2022년 2월 22일.

사진 2. 머체왓숲길 안내도. 보라색 선이 머체왓 소롱콧길이다. 2022년 2월 22일.

사진 3. 머체왓숲길 중 머체왓 소롱콧길 입구. 백록담이 보이도록 탁 트인 느쟁이밭에서 시작된다. 2022년 2월 22일.

사진 4. 머체왓 소롱콧길 전반부 풍경 1(치유의 숲 안내판). 2022년 2월 22일.

사진 5. 머체왓 소롱콧길 전반부 풍경 2(치유의 숲 구간). 2022년 2월 22일.

사진 6. 머체왓 소롱콧길 전반부 풍경 3(치유의 숲 구간 조형물). 2022년 2월 22일.

사진 7. 머체왓 소롱콧길 전반부 풍경 4(치유의 숲 쉼터). 2022년 2월 22일.
사진 8. 머체왓 소롱콧길 서중천변 난대아열대 원시림. 2022년 2월 22일.

5, 6, 7). 후반부에는 동백나무 같은 상록수와 참꽃나무 같은 활엽수가 뒤섞이거나 군락을 이룬 난대아열대 원시림이 펼쳐진다(사진 8).

화창한 날씨에 잔설이 남은 숲길은 오롯이 숲 향기와 바람을 느끼기 좋았다. 반환점을 돌면 연못 같은 서중천 습지를 만난다(사진 9). 이곳은 서중천 변을 따라 난대아열대 원시림이 보존되어 있다. 조면현무암이 굳은 서중천 하상지형이 작은 용 모습이라 해서 소롱콧이라 한다. 이 연못가에서는 그런 모습을 유독 잘 볼 수 있다. 여전히 가끔 눈도 내리는 2월 하순의 중산간 지대에 있지만 푸르른 상록수 녹색 물감이 연못 같은 시냇물에 투사된다. 아름다운 반영을 만들어내고 있었다. 아내와 난 여기서 한동안 물과 바람이 빛이라는 물감으로 그리는 그림들을 각자의 사진기에 담아갔다. 맨눈으로도 아름답지만, 카메라 렌즈로 보면 다르게 더 아름다운 빛그림들을 만들었다. 함께 사진가 부부이기에 이럴 땐 너무 좋다. 아니면 다른 한 사람이 같은 장소에 너무 오래 머문다고 지루해할 것이다. 렌즈를 통해 하나님이 만드신 숨겨진 아름다움들을 찾다 보면 시간 가는 줄 모른다.

반환점을 돌아서 서중천 습지를 지나 역시 습지대인 오리튼물에 오기 전에 서중천 숲 터널이 있다. 이 숲 터널에서 참꽃나무 군락지를 만났다. 오리튼물과 연제비도 구간에도 참꽃나무 군락지가 있다. 참꽃은 경상도에서 쓰는 진달래꽃 이름인데? 참꽃나무라니 가느다란 나무줄기가 사방으로 뻗치는 관목인 진달래가 아니라 건축재로 쓰이는 굵은 줄기 주간이 있는 교목 같은 진달래나무인가? 핸드폰으로 검색하니, 우와! 제주특별자치도 상징 꽃이란다. 나로서는 엄청난 발견

사진 9. 서중천 습지 1. 머체왓 소롱콧길에서 반환점을 돌면 나온다. 2022년 2월 22일.
사진 10. 서중천 습지 2. 2022년 2월 22일.

사진 11. 작은 용을 닮은 서중천 습지 하상. 2022년 2월 22일.
사진 12. 참꽃나무 팻말.

사진 13. 숲 터널 구간에서 만난 참꽃나무. 키가 크다. 나무 아래에 참꽃나무 팻말이 놓였다. 2022년 2월 22일.

사진 14. 머체왓 소롱콧길 숲 터널 구간에서 만난 참꽃나무 군락지. 상록수가 아니다. 주변 상록수와 대비되어 알아보기 쉬웠다. 2022년 2월 22일.

사진 15. 서중천(지류) 습지. 절벽 아래로 오리튼물이 있다. 2022년 2월 22일.
사진 16. 머체왓 소롱콧길 오리튼물. '오리가 노니는 물'이란 뜻이란다. 안덕면에도 이런 지명이 있다. 2022년 2월 22일.

이고 지리학자로서 이제야 안다는 것이 조금은 부끄럽다. 이곳은 5월 중순 되어야 참꽃이 핀단다. 집에서도 가깝고 산책하기 좋은 곳이니 새싹 필 때부터 참꽃이 만발할 때까지 수시로 와서 관찰하련다. 한라산 중산간 지역 현무암 하천변 원시림 군락지다. 자연지리학적으로 의미 있고, 인문지리학적으로는 제주도 상징 꽃이라니 이 꽃을 만날 기대감에 설레었다.

숲길은 숲 터널을 지나 서중천 지류로 들어서며 작은 나무다리로 이어진다. 나무다리 옆에 서중천 습지라는 이정표가 서 있다. 이곳은 '오리튼물' 부근이다. 여긴 지류부 습지대다. 반환점 부근에서 앞서 만난 연못 같은 것은 서중천 본류 습지대다.

숲 산책을 마치고 입출구부에 있는 느쟁이밭 느영나영나무로 가니 백록담은 구름 속에 있고 눈 덮인 사라오름과 성판악이 시원하게 눈에 들어온다(사진 17). 서중천 탐방로는 머체왓 소롱콧길 오리튼물 근처에서 시작한다. 오늘은 그 길은 남겨두었다. 그곳에서는 무엇이 또 나와 아내를 반겨줄까?

사진 17. 머세왓 소롱콧길을 나와 느쟁이밭에서 본 넙거리와 사려니오름. 삼나무가 직사각형 부분으로 벌목된 부분이 보이는 오름이 넙거리, 오른쪽으로 조금 능선이 보이는 것이 사려니다. 백록담은 흰 구름 속에 있다. 2022년 2월 22일.

제주특별자치도 상징 꽃인 참꽃 군락지

식물지리학자는 아니지만, 식물 군락지에는 애정 어린 마음으로 눈길이 간다. 중산간 숲에는 잔설이 아직 남아있던 2월이었다. 서귀포시 남원읍 한남리 소재 머체왓 소롱콧길을 산책하며 참꽃나무 군락지가 있는 것을 알았다. 남원읍 신례2리 공천포에 얻은 집에서 가깝다. 이때부터 머체왓 소롱콧 숲길을 자주 걸었고 봄 숲과 군락지 변화를 살폈다.

참꽃이 진달래목, 진달랫과의 꽃이라는 것도 알게 되었다. 국어사전에는 "'참꽃'이 먹을 수 없는 꽃인 '철쭉'에 대하여, 먹을 수 있는 꽃이라는 뜻으로, '진달래꽃'을 달리 이르는 말"이라고 나온다. 다음(DAUM) 백과에 보니 "'참꽃나무'라는 이름은 같은 과에 있는 진달래나 철쭉류에 비해 꽃이 크고 키도 높이 자라기 때문에 붙여진 것이

사진 1. 머체왓 소롱콧길 참꽃나무 군락지 팻말. 2022년 4월 15일.
사진 2. 머체왓 소롱콧길에 있는 참꽃나무 군락지. 2022년 4월 15일.

다."라 한다. 그러니까 이 참꽃나무꽃과 진달래나무 진달래꽃은 모두 다 참꽃이고, 먹을 수 있고, 꽃 자체 차이도 별로 없다 할 것이다.

이 참꽃이 제주특별자치도 상징 꽃이다. 제주가 원산지인 왕벚꽃도 아니고 유채꽃도 아니고 참꽃이란다. 제주도청 홈페이지 '제주 소개 - 제주 소개 및 상징'에 보면 다음과 같이 쓰여 있다.

> 봄철 초록빛 숲속에서 타는 듯한 붉은 꽃을 무더기로 피우고 있는 참꽃은 제주특별자치도민의 불타는 의욕과 응결된 의지를 나타내고 있다. 잎은 가지 끝에 세 잎씩 윤생하여 제주의 자랑인 삼다, 삼무, 삼보, 삼려를 나타내고 있을 뿐 아니라…

머체왓 소롱콧길 초행에서는 진달래과의 이 참꽃나무를 얼핏 보니 교목(喬木, Tree)처럼 주된 줄기가 있고 키가 커서 키 작은 관목(灌木, Shrub)이 아니고 교목인 줄 알았다. 참꽃나무에 대한 자료를 조금 살펴보았다. 한 뿌리에서 여러 가지 줄기가 나오는 관목이란다. 이처럼 관목이란 나무 키가 작고, 원줄기가 분명하지 아니하며, 밑동에서 가지를 많이 치는 나무다. 개나리, 진달래, 앵두, 무궁화가 대표적인 관목이다. 반면, 교(喬, 높을 교) 자를 쓰는 교목은 하나의 뿌리에 주 줄기가 대부분은 한 개 가지로 크게 자라서 목재로 쓸 수 있는 나무를 말한다. 그런데 이 참꽃나무는 사진에서 보는 바와 같이 키가 크다. 이 숲 어떤 참꽃나무는 외줄기로 크게 자란 것도 있다. 그러나 관목이었다.

참꽃나무를 소개한 숲속 팻말에는 5월 중순에 핀다더니만, 올해는

사진 3. 참꽃나무 새순. 참꽃나무 잎은 가지 끝에서 세 개씩 4월에 먼저 피고, 꽃잎이 5갈래인 참꽃은 5월에 핀다. 2022년 4월 15일.

사진 4. 머체왓 소롱콧숲 참꽃 1. 2022년 5월 14일.
사진 5. 머체왓 소롱콧숲 참꽃 2. 2022년 5월 14일.

사진 6. 참꽃나무 1. 5월 중순에는 대부분 참꽃나무에 열렸던 꽃은 시들거나 떨어져 있었다. 2022년 5월 14일.

사진 7. 참꽃나무 2. 다행히 몇 그루에서 싱싱한 참꽃을 보았다. 2022년 5월 14일.

5월 초순이 절정기였던 것 같다. 참꽃 상당수가 이미 땅에 떨어졌다. 4월 하순에 본토에 잠시 나갔었다. 사랑하는 딸 결혼식을 아름답고 은혜롭게 치르고 제주에 돌아온 것은 5월 10일이다. 입도 후 곧바로 왔다면 좋았을 것이다. 며칠 전 광풍이 몰아쳤나? 아뿔싸 누가 꽃을 흩뿌려 놓은 듯 군락지 숲길은 떨어진 참꽃으로 뒤덮여 있었다.

꽃을 밟다니! 시인이 아니라도 꽃을 밟지 않으면 지나갈 길이 없다. 사뿐히 꽃을 즈려밟았다. 김소월 시가 입 밖으로 새어 나온다. '즈려밟다'는 말은 평안도 사투리로 조심히 밟는 일이란다. 표준어처럼 '짓밟다'라는 의미가 아니다. 중·고등학교 국어 시간에 이를 '사뿐히 짓밟는다'라고 해석해서, '소리 없는 아우성'과 같은 '역설적 표현'이라고 잘못 가르쳐온 것이라 한다(나무위키 '진달래').

시를 읊조리며 발을 떼다가 이 아름다운 광경에 탄복하며 내 몸을 낮추었다. 경배하듯 배를 땅에 깔고 엎드렸다. 카메라 렌즈는 인간의 눈으로는 볼 수 없는 천상의 아름다움을 보여줄 수 있다. 사람 눈이 아니라 주님 눈으로 보는듯한 아름다운 풍경이 앵글에 담긴다. 이럴 때는 "주 하나님 지으신 모든 세계~"로 찬송하며 주님의 높고 위대하심을 노래하게 된다. 창조주 아버지 하나님 사랑을 느끼며 셔터를 누르는 이런 시간이 나에게는 예배가 된다. 주님을 느끼며 주님을 경배하며 사진을 하였다. 사진가 함철훈 선생님이 수업 시간에 귀에 못 박히도록 가르쳐주신 것이 실제가 되는 시간이다.

사진은 나의 사진술을 남에게 자랑하기 위하여 하는 것이 아니

사진 8. 참꽃이 흩뿌려진 머체왓 소롱콧길 1. 2022년 5월 14일.
사진 9. 참꽃이 흩뿌려진 머체왓 소롱콧길 2. 꽃을 즈려밟지 않고 지나갈 수는 없었다. 2022년 5월 14일.

어야 한다. 사진으로 내가 먼저 주님을 느끼고 행복하면서 예배가 되는 작업을 해라! 이런 행복을 세상에 전할 사진이 창작되면 내가 만든 것이 아니고 사진의 재료인 빛의 창조주이신 그분이 주신 선물임을 알아야 한다. 우연적 필연이다.

소월은 유독 "영변의 약산 진달래꽃"을 아름 따서 뿌리겠다고 했다. 왜 하필 '약산의 진달래'일까? 소월의 시를 다룬 국문학 논문은 많다. 소월의 삶과 문학을 다룬 이런 논문 가운데서 영변과 관련한 이야기도 엿볼 수 있다. 곽혜란(2011)은 「김소월 시에 나타난 한의 정서 연구」라는 논문에서 소월 시에서 한의 미학이 배태된 문화지리학적 배경을 잘 묘사했다. 이 논문에 의하면, 남편을 일찍 여읜 소월의 숙모 계희영은 인텔리 여성이었다. 기억력이 비상하고 전통 문학과 구전 옛이야기에 밝아서 어린 소월에게 문학적 자양분을 공급해 주었다고 한다. 영변의 약산 진달래꽃과 관련된 평안도 전설이 있었다. "고을 수령의 외동딸이 약산에 갔다가 절벽에서 그만 강으로 떨어져 죽고, 그 죽은 넋이 진달래가 되어 약산을 뒤덮고 있다."라는 내용이다. 소월은 숙모 계희영에게서 이 전설도 들었을 것이다. 계희영에 따르면 소월이 태어나고 자란 평안북도 정주군 곽산면 남산리에 진달래가 많았다 한다. 그런데도 소월이 고향인 정주 남산리 진달래가 아니라, 영변군 약산의 진달래를 시에 끌어들인 이유가 된 전설이라 아니할 수 없다. '정과 한', '정한'의 시인 소월은 묘향산도 한라산도 아닌 영변의 약산 진달래를 그의 시에 끌어들여 더욱 처절한 애수를 담아내고

사진 10. 「진달래」. 아내 작품.

사진 11. 평양에서 80여 킬로미터 북쪽에 자리한 영변의 약산 위치. 김소월의 고향인 평북 정주에서 가깝다. '영변 핵발전소'가 있어 익숙한 지명인 영변이 바로 이곳이다. 출처 : 다음 지도.

자 한 것이다. 영변의 약산 진달래를 이러한 시(詩, Poetry)적 장치로 두었다고 소월 문학 연구자들이 보는 것이다. 문학지리학적으로도 상당히 흥미로운 대목이다.

한국에서 가장 널리 알려진 '국민 시인'인 김소월의 시는 얼마나 읽힐까. 부지불식간에 사람들은 그의 시를 노래로서도 자주 접하게 된다. "당신은 무슨 일로 그리합니까?"로 시작하는 정미조가 부른 「개여울」, "낙엽이 우수수 떨어지는"으로 시작하는 「부모」, 패티 김의 「못 잊어」, 내가 참 좋아했던 노래인 희자매의 「실버들」 외에 「세상 모르고 살았노라」(활주로), 「예전엔 미처 몰랐어요」(라스트포인트), 조수미 등 여러 가수가 부른 「엄마야 누나야」 등이 김소월 시임을 이 글을 쓰며 공부하기 전까지 나도 예전엔 미처 몰랐다. 마야가 부른 「진달래꽃」이야 익히 알았지만.

김태식(2019, 「예이츠 천국의 융단과 김소월의 진달래」) 등 혹자들은 소월의 '진달래꽃'이 아일랜드 시인 예이츠의 '천상의 융단'이란 시를 모방 또는 차용한 것이라고 한다. 그 시에서 "내 꿈을 그대 발밑에 깔았습니다. 사뿐히 밟으소서, 그대 밟는 것 내 꿈이오니."를 모방 또는 차용한 것이라고 본 것이다.

어찌 되었건 민요 시인으로 등단한 소월이 전통적인 한(恨)의 정서를 여성적 정조(情調)로서 민요적 율조와 민중적 정감으로 표출했다는 점에서 특히 주목되는 민족 대표 시인이라 아니할 수는 없다. 심지어 「진달래꽃」(1922)이라는 시가 유명해지기 전에는, 남한 지방에서는 '진달래꽃'이라는 말 자체가 없었고 '참꽃'으로 불렀다고 한다(김태식, 2019). 김소월의 이 시 때문에 '참꽃'이라는 말이 '진달래꽃'으로 바뀐 것이란다. 그래서 그런가? 국어사전에 보면 "'진달래꽃'은 '참꽃'을 일컫는다."라고 되어 있다.

봄이 오면 나도 내가 진달래를 얼마나 좋아하는지 진달래만 보면 눈길이 간다. 진달래 꽃말은 '사랑의 기쁨'이다. 2019년, 나는 이슬람권인 중동 아시아로 파송 가는 내 딸의 선교사명을 '김진달래'로 지어서 보냈다. 한국인의 아름다움과 하나님 사랑의 기쁨이 중동 아시아 모든 민족에게 다시 전해지는 초석을 놓고 오길 바라는 마음이었다. 보안상 기도 카드는 얼굴을 가리고 가명을 썼다. 그 딸이 무사히 돌아와 며칠 전에 시집갔다. 진달래 때문에 이래저래 행복한 나날이다.

사진 12. 중동지역에 파송되었던 딸 김진달래 인턴 선교사 기도 카드

머체왓 소롱콧길과 물영아리오름 중잣성

남원읍 신례리 공천포 집에서 차로 15분 거리인 한남리 머체왓 소롱콧길을 10여 일 만에 다시 찾았다. 입장료도 주차료도 없어서 더 맘에 든다. 2월 산책 때 지나친 '중잣성 안내판'을 찍고 참진달래(참꽃) 나무들에 새싹이 돋았는지 살펴보기 위함이다.

중잣성은 무엇일까? 울타리 담인 '울담' 높이도 안 되는 것을 '성'이라 한다. 성곽 돌들을 농민들이 밭담이나 울담 재료로 가져가서 낮아져 저 모양일까? 아니다. 원래부터 제주말 가슴 높이 정도로 쌓은 '담'이다. 성인 허리와 가슴팍 사이 높이다. 조선 초기부터 평균 해발 200~600m인 한라산 중산간 지역에 만든 국영목장에서 말들이 해안으로 내려가거나 백록담 쪽으로 올라가는 것을 방지하기 위해 쌓은 울타리 담이다. 해안마을 쪽 농경지로 못 내려가게 쌓은 돌담을 '하잣

사진 1. 머체왓 소롱콧길 편백나무 숲에서 만난 중잣성. 이틀 전 내린 눈이 더러 남아있었다. 2022년 2월 제주는 눈이 유난히 많았다. 아내와 함께 걷는 숲길 공기가 적당히 차갑고 청량했다. 머체왓에 낸 숲길 중에서 머체왓 소롱콧길 코스에는 머체왓숲길 코스와 마찬가지로 편백나무 치유의 숲 구간이 있다. 2022년 2월 22일.

성', 백록담 쪽 한라산지, 오늘날 대부분이 한라산 국립공원이 된 고지대로 못 올라가게 쌓은 것을 '상잣성'이라 하고 그 중간에 친 돌담을 '중잣성'이라 한다. 이렇듯 '잣'이란 '널따랗게 돌들로 쌓은 기다란 담'을 말하는 제주어다(출처: 『제주어사전』, 1995). 원래는 '잣담'으로 불려왔다. 그러니까 돌무더기 울타리다. 그러면 '잣성'이란 어디서 온 말일까? 강만익의 논문 「조선 시대 제주도 잣성 연구」(2009)에 그 유래가 다음과 같이 잘 기술되어 있다.

> 이 명칭은 1970년대부터 제주도 국가지형도에 공식적으로 등장했다. 즉, 지형도 제작과정에서 만들어진 일종의 신조어로, 목마장 경계에 쌓은 담장을 가리킨다. 제주어로 '잣'은 '널따랗게 돌들로 쌓아 올린 기다란 담'을 의미한다. 본래 잣은 성을 의미하는 말이므로 결국 잣성이라는 용어는 동어반복이 되는 셈이다. 전통사회에서 제주도민들은 잣성이라는 용어보다는 '잣', '잣담'을 사용했다. 실례로, 마을 촌로들은 '알잣', '웃잣', '하잣담', '상잣담'이라는 용어를 지금도 사용하고 있다.

강만익은 위 논문에서 중잣성 축조 시기는 하잣성, 상잣성, 중잣성의 상호 관계를 고려할 때 중잣성이 상잣성보다 먼저 축조되었을 개연성도 있다고 하였다. 하여튼 이제는 '담'이 '성'으로 바뀐 것이 고착된 것 같다. 전투적 개념이 풍기는 '성'이라는 용어보다는 '밭담', '울담'처럼 농경 목축 생활문화에서 만들어진 본질적이고 기능적인 의미에서의 '잣담'이 더 가치 있고 합당한 이름 같다. 원래대로 '돌무더기 울타리'라는 '잣담'으로 불리면 좋겠다. 그래야 대중들이 제주 상징의 하나인 제주말과 연결되는 이 목축문화 유산의 의미를 더 쉽게 이해할 성싶다. 이 유적들의 의미를 알면 더 소중히 유지해갈 것이란 생각이 든다.

또, 강만익은 위 논문에서 "현재 제주도의 목장사, 목축문화를 상징적으로 대변하는 잣성은 산담(필자 주 : 무덤의 담) 축조와 도로(농로) 건설 그리고 초지를 개간하여 농경지로 만드는 과정에서 허물어지면서 소멸되고 있다. 특히, 최근에 들어오면서 과거 중산간 목마장 지역에 골프장이 입지하면서 잣성 소멸은 매우 심각한 실정이다. 더 늦기 전에 잣성의 목축문화사적, 역사적 가치를 중시하여 일부 잣성이라도 문화재 또는 기념물(향토문화유산)으로 지정, 보존하는 노력이 절실하다."라고 하였다.

제주 잣담은 단순한 돌담이 아니라 제주 자연 지리적 환경을 반영한 역사의 산물이다. 제주 하면 생각나는 것 중 하나가 승마 체험이듯, 현재와 미래에도 제주 상징의 하나로서 제주말과 관련된 중요 유적이라 아니할 수 없다. 이 논문(2009) 이후의 언론자료 중에서 '강홍균, "한라산 중턱 돌담 유적 '잣성' 급속 훼손"(《경향신문》, 2010. 03. 04)', '제주문화누리포럼 정책토론회 보도자료, "제주 잣성 소멸 심각… 문화재? 향토유산 지정 시급"(제주특별자치도의회, 2018. 12. 18', '이혜진, "싸우멍 다투멍? 제주 만리장성 '잣성' 문화재 아닌 이유"(Travel Bike News, 2019. 07. 19)' 등을 보면, 이 논문을 발표한 이후로 저자를 비롯하여 많은 분이 잣성(잣담)을 문화재와 향토유산으로 지정하고 보존하려는 노력을 기울여왔음을 알 수 있다. 감사하다. 중산간 지역 사유지에 분포한 잣성도 많다. 문화재로 지정하면 토지 이용과 개발 제약 등 재산권 문제가 있다. 쉽게 풀릴 문제는 아니다.

아는 만큼 보인다. 그래서 배우면 기쁘다. 학이시습지(學而時習之)면 불역열호(不亦說乎)다. 잣성에 대해서는 작년 가을 학기에 내가 연 '제주도 지형학 세미나'라는 대학원 강의에서 나도 원생들과 함께 배우며 알았다. 그런 잣성을 내가 '제주 1년 살기'로 살게 된 남원읍 신례리와 붙은 동네인 한남리 머체왓 소롱콧길에서 뜻밖에 처음으로 마주했다. 아내에게 잣성의 의미, 종류, 기능, 역사 등과 제주말 생산이 가능했던 기후, 식생, 지형학적 조건 등의 이야기를 나누며 걸었다. 재미있게 들어주는 아내가 고맙다. 어느 때는 제법 지리학자 같다. 이날 머체왓 소롱콧길에서 만난 중잣성 안내판은 너무 낡았다. 또 다른 안내판이 앞에 있겠지 싶어서 촬영하지 않았다. 머체왓 잣성에 관한 이야기도 나의 지리수필에 써야겠다는 마음이 들었다. 편백나무 인공림과 서중천변의 난대상록수 원시림 지대를 자주 걸을 수 있는 머체왓숲길들만 해도 감사한데, 거기서 내가 연 대학원 세미나서 나도 처음 알게 된 그 잣성을, 그것도 중잣성을 여기서 만나니 행복했다.

더 반가운 소식을 알게 되었다. 물영아리오름은 제주시 용두암 근처 용연과 함께 나와 우리 가족이 30여 년 전부터 제주에 오기만 하면 방문하는 곳이다. 분화구 습지뿐만 아니라 분화구 남사면과 북사면

사진 2. 머체왓 소롱콧길 중잣성. 동백나무, 종가시나무, 구실잣밤나무, 참꽃나무 등 난온대 원시 상록 및 활엽수림이 서중천 변을 따라 펼쳐진다. 2022년 2월 22일.

사진 3. 쇠락한 중잣성 안내판. 낡아빠진 안내판이지만 '중잣성'이라는 제목 글씨는 식별이 된다. 머체왓 소롱콧길 개설 즈음인 2014년 무렵에 세운 것 같다. 사진이 훼손되고 설명문마저 읽기 어렵다. 2022년 3월 5일.

에 달리 서식하는 식물들도 흥미롭다. 나와 가족에게는 아주 친숙한 이 물영아리오름 옆에 '수망리 중잣성'이 지나고, 그것이 제주도 향토문화유산으로 지정되었다는 기사를 보게 되었다. 드디어 4개월 전인 2021년 11월, 잣성 중의 하나가 제주도 향토유형유산으로 지정되었는데 그것은 이 물영아리오름 입구에 있던 돌담이었다. 맙소사 그 흔해 보여 내가 눈길 한 번 제대로 준 적이 없는 기다란 돌담이 '수망리 산마장 잣성'의 한 자락이었다. 제주특별자치도(세계유산본부)가 물영아리오름 옆으로 통과하는 이 수망리 산마장 잣성 중 600m 구간을 향토유형유산으로 지정한 것이다. 이 글을 쓰기 위해 자료를 뒤지다 이 사실을 알게 된 것은 엊그제 밤이다.

우리 동네 신례리 이승악에서 가시리 대록산 사이에 한남리 머체왓도 이 수망리 물영아리도 있다. 유채꽃 광장으로 유명한 가시리 대록산에서 구두리오름과 사려니숲길 입구를 지나 물영아리로 걸어갈 수 있다. 모두 한 번쯤이라도 군데군데 차를 세워두고 조금씩이라도 걸어보면 좋아하고도 남을만한 곳들이다. 물영아리오름을 오르려면 이 중잣성을 지나야 한다. 물영아리는 분화구에 물이 고여 습지를 이룬 아름답고 생태지리학적으로 귀한 오름이다. 지리학자들에게서뿐만 아니라 대중적인 사랑을 받는 유명한 오름이다. 다른 곳도 아니고 나와 아내가 자주 가던 물영아리 옆에 중잣성이 있다니 참 기쁘다. 중산간 지대 목초지와 오름 자연지리와 제주말과 관련된 문화역사지리와 제주 돌담 인문지리 이야기들까지 이 모든 것을 한 장소에서 다 누릴 수 있는 기가 막히게 멋진 장소가 된 것이다. 날이 새자, 한걸음

물영아리오름 입구 이정표. 이번에 '향토문화유산'으로 지정된 수망리 중잣성 생태탐방로 방향과 오름 정상 습지 방향이 표시되어 있다. 2022년 3월 11일.

사진 5. 중잣성 생태 탐방로 안내판.

사진 6. 물영아리오름 주변에 남아있는 제주 향토문화유산인 수망리 중잣성. 2022년 3월 11일.

에 차를 달려 남원읍 공천포 집에서 남원읍 수망리 물영아리오름 주차장까지 오니 불과 25분 걸렸다. 물영아리오름과 수망리 마을 공동재산인 '마을 목장'(60만 평) 사이에 중잣성이 옛날부터 진짜 거짓말처럼 있었다. 저 돌담이? 저기를 그렇게 여러 번 다닐 때는 그저 돌담, 밭담으로 알았는데, 알고 보니 중잣성이었다. 셔터를 누르는 데 행복감이 넘쳤다. 살다가 예수님이 느껴질 때처럼 기뻤다. 배우고 알게 하시고, 사진 하고 글 써서 세상에 남기게 하시니 감사하다.

9.

삼달리, 하도리와 성산 신풍포구에서

제주의 진짜 아름다움을 담은 삼달리 김영갑갤러리

제주 1년 살기 첫걸음으로 거처를 구했다. 서귀포 남원읍 공천포 바닷가에 있는 단층 돌집이다. 난 지리학자로서 제주도에 관한 논문 몇 편을 썼다. 그런데도 제주 동남부 지방인 남원읍이나 표선과 성산읍 지방은 나에게는 여전히 좀 생소했다. 제주로 오기 전에 사전 지역조사로 다음(Daum) 지도에서 제주 동남부 지방인 남원읍에서 성산읍 일대를 줌인, 줌아웃하며 살폈다. 대략 1/5만 중축적 지도 상태에서 한 갤러리 이름이 마치 명승지명처럼 지도에 떴다(그림 1). '김영갑갤러리 두모악'이다. 성읍민속마을과 미천굴 인근 성산읍 삼달리에 있다. 두모악(豆毛岳)? 삼달리에 있는 오름 이름일까? 알고 보니 은하수를 잡아당기는 산이라는 한라산 별칭이다. 한라산이 머리 없이 몸체 형상만 있다 여겨 부른 이름인 두무산(頭無山)에서 변음된 말이라 한다. 본토에서 제주 사람을 일컫는 말이기도 했다.

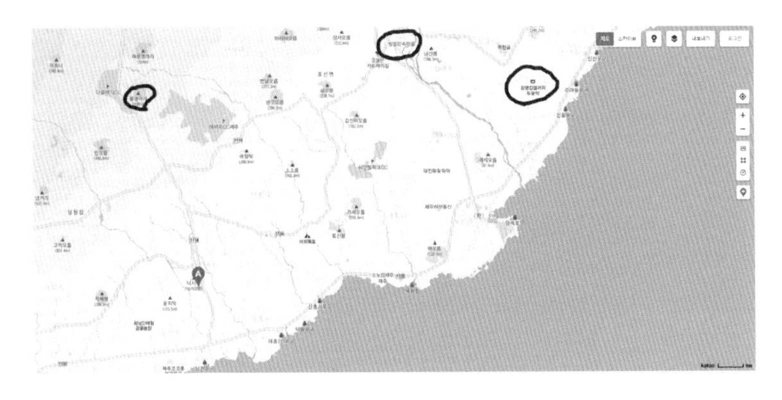

그림 1. 성읍민속마을, 물영아리오름과 동격으로 중축적 카카오맵에 뜬 지명, 김영갑갤러리 두모악.

두모악은 사진 전문 갤러리였다. 바람의 작가라는 사진가 김영갑 씨가 제주로 이주해 살며 작업한 사진들을 폐교된 삼달초등학교를 개조해 전시한 갤러리다. 지도상 지명 표기 위상으로는 가히 도립미술관급이다. 얼마나 유명한 사진가면 이럴까? 제주로 오기 얼마 전인 그해 여름에도 가족과 함께 성읍마을을 방문했었다. 그때는 난 이 갤러리 두모악이나 바람의 작가라는 김영갑 사진가를 몰랐다. 이 부근을 그냥 스쳤다. 나에게는 함철훈 선생님 사진 크리틱 시간에 칭찬받은 바람을 찍은 습작들이 있다. 함철훈 선생님은 '풍류(風流, The Wind and Water We Met)'란 주제의 전시를 주밀라노 한국 총영사관과 밀라노시 후원으로 이탈리아 밀라노에서 연 적이 있다. 최근 5년에는 홍콩 정부 소속 홍콩아트센터에서는 선생님이 감독하시는 V.W.I. 소속 작가들 작품으로 이루는 풍류 사진전을 코로나19 때를

사진 1. 구매한 김영갑 사진가의 저서들.

빼고 매년 초대하고 있다. 내가 바람 작업할 때 미리 알았으면 좋았을 것을 그때는 바람의 작가 김영갑을 몰랐다. 제주살이 준비 차 지도를 살피다 갤러리 두모악를 알고 나니 이분 사진과 글들을 알게 되었다. 곧바로 그분 책을 5권이나 한꺼번에 샀다. 나도 그 섬에 가고 싶고, 나도 바람을 더 잘 찍고 싶어서다. 산 책 5권에 실린 작품들을 음미하며 감상했다. 참 귀한 작가님이다. 한 장 한 장 작품마다 김영갑 사진가가 찍을 때의 그 시간, 그 풍광 속에 나도 함께 있었다고 생각하며 책장을 넘겼다. 나였다면, 저기서 저 때에 또 어떤 앵글과 프레임으로 빛을 담았을까? 제주 가면 나는 어디서 어떻게 작품 할지 연구했다.

2021년 12월 하순이다. 제주 1년살이해 온 지 10여 일 만이다. 너무나 반가운, 사진 하는 지인 부부가 남원읍 공천포 집을 찾아주었다. 며칠을 함께 살며 집수리도 도왔다. 낮에는 공천포 바닷가 주변 올레 5코스 길을 걸었고, 밤에는 마당에서 흑돼지 오겹살과 고등어를 구워 먹었다. 숯불과 함께 사진 하는 이야기꽃도 피워냈다. 그다음 날 아침이다. 당연히 우린 남원에서 성읍 거쳐 삼달리 '김영갑갤러리 두모악'으로 향했다. 삼달1리로 들어서는데, 한겨울에 이미 활짝 핀 너른 유채꽃밭이 보였다. 제주살이 시작하는 때이기에 아직은 익숙하지 않았던 12월 유채꽃밭이다. 한겨울에 이미 온 봄의 아름다움을 만끽하며 여행 사진 몇 컷을 카메라에 담았다.

2021년 12월 29일 수요일 오전이었다. 삼달리 김영갑갤러리 두모악 출입문은 굳게 닫혀있었다. 제주 살며 안 것인데 제주에서는 수요일에 식당과 관광 시설이 문을 닫는 경우가 많다. 다 그런 것도 아니다. 방문할 곳이 언제가 휴일인지 미리 알아보아야 낭패를 면한다.

진달래 피던 3월 중순, 우리와 같이 함철훈 선생님 제자들인 다른 예비 사진가 부부가 공천포 집을 찾아주었다. 지난 10년 사이에 여름철에 3번이나 나나 우리 부부와 함께 2주씩 키르기스스탄과 타지키스탄, 카자흐스탄 등지로 단기 선교여행을 함께 했던 정겨운 부부다. 이제는 사진까지 같이 하게 되어서 더 깊은 정이 있다. 이번에도 당연히 삼달리 두모악을 함께 찾았다. 두모악 마당에는 진달래가 피어나고 있었다. 잎 먼저 꽃이 나오니 진달래가 틀림없다. 철쭉은 잎 나오고 꽃 핀다.

갤러리 내부 사진 촬영은 금지되어 있었다. 쉽게 볼 수 없는 제주 원형적 속살을, 제주를 사랑한 천재 사진가 작품으로 보았다. 갤러리 홈페이지에 소개되어 눈에 익은 용눈이오름, 눈·비·안개 그리고 바람 환상곡, 구름이 내게 가져다준 행복, 지평선 너머의 꿈, 바람, 숲속의 사랑, 오름, 마라도라는 9개 주제별 사진 45개와 내가 산 5개의 김영

사진 2. 성읍 방향 삼달1리 마을 입구에 있는 12월 유채꽃밭. 한겨울에 봄은 이미 성큼 코 앞에 와 있었다. 2021년 12월 29일.

사진 3. 수요일이라서 굳게 닫힌 김영갑갤러리 두모악 출입문.

사진 4. 3월에 다시 찾은 김영갑갤러리 두모악. 갤러리로 쓰는 예전 초등학교 교사 뒤편으로 작은 셀프 카페가 있어 또 좋다. 2022년 3월 14일 월요일.

갑 사진첩과 수필집에서 본 작품 중 일부가 실제로 전시되고 있었다. 최근 40여 년간 제주 해안과 중산간 개발이 가속화되며 일부는 사라지고 있는 제주의 진짜 아름다움을 볼 수 있었다. 제주 시내로 나가서 필름 사고 나니 길거리 찐빵 하나 사드실 돈이 없었고 버스비도 없어 중산간 집까지 걸어왔다던 김영갑 사진가다. 전율에 떨며 찰나의 황홀경을 필름에 담아왔기에 그런 지난했던 삶이었음에도 사진 하며 행복했다던 분이다. 그의 작품 앞에 서면 나도 황홀하다가 숙연해진다.

뒷마당으로 나가니 부속 건물에는 셀프 카페가 있었다. 지인 부부와 위대한 작가의 실제 작품에서 느꼈던 이야기를 나누었다. 나는 돌아가신 김영갑 사진가를 이제라도 알아서 감사하고 배울 것이 많다고, 자주 와야겠다고 나누었다. 10월에는 미국 사는, 아내의 귀한 친구 부부가 공천포로 왔다. 역시 함께 다시 두모악을 방문하니 전시품들이 바뀌어 있었다. 늘 다시 보고 싶었던 작품이 수장고로 사라져 서운한 마음이 들었다. 그 가을 지나 겨울에 온 지인들과도 이 두모악 갤러리를 찾아갔다. 두모악은 사진가가 되어가는 우리에게 소중한 장소가 되었다. 사진이 작품이 되고 예술이 된 현장을 지인들에게 보여주기에 좋았다.

"빛이 있으라" 하신 창조주가 만드신 빛이라는 물감으로 그리는 그림이 사진이다. 나는 사진으로 하나님이 창조하신 만물과 현상의 원형적 아름다움을 그려내고, 사진으로 생각의 깊이를 더하며, 때로는 생각의 깊이를 사진으로 더하면서, 사진으로도 세상에 예수님을 전하고 싶다. 김영갑 사진가님은 20년 이상을 제주도에 살면서 치열하게 그분의 영혼과 바꾸며 작업하셨다. 여전히 미천한 실력을 지닌 사진가인 내가 감히 김영갑 작가님 못지않을 제주에서 만든 작품으로도 예수님을 전할 수 있을까? 겨우 제주 1년살이하며 만들 내 사진 작품들이 그럴 수 있을까? 함철훈 선생님은 사진예술은 그것이 가능하다고 하신다.

> 발레나 미술이나 피아노 등 다른 예술은 그 분야에 필요한 예술적 근육이 만들어질 오랜 시간이 필요하다. 사진예술은 그에 필요한 근육이 카메라에 기계로 설치되어 있다. 우리는 사진에 담을 주제를 선정만 하면 된다. 누구든지 사진기 조작법에 익숙해지면 얼마 되지 않아서 프로사진가, 예술가로 데뷔가 가능한 한 거의 유일한 분야가 사진이다. 작품에 담을 주제만은 스스로 못 정하는 카메라에 주제를 정해주면 내가 그리는 것이 아니고 물과 바람이 빛이라는 물감을 가지고 필름에 칠해주니 내가 부지런히 할 것도 별로 없다. 그래서 작품은 빛을 창조하신 그분이 주시는 선물이다. 그러니까 사진예술에서 작품이 나왔다고 작가 스스로 자기 솜씨라고 뽐낼 일은 없는 것이다.

선생님 수업 중에 귀에 못 박히도록 듣는 말이다. 기대되고 용기 내게 하신다. 나도 할 수 있고, 사진에도 하늘에 이르는 길이 있다고 하신다. 지리학자로 제주에서 걸어갈 길에서 그 길을 발견하며 그 길 따라가 보려 한다.

성산일출봉 주변 유채꽃 찾아 해안 길로 가다가 본 투물러스

수입 식용유에 밀린 1980년대 이후로 제주도에서는 유채 기름 농사는 짓지 않는다. 한겨울 제주 유채밭은 사진 찍기용 농사로 조성한 것이다. 아예 꽃을 보려 짓는 것이다. 채유가 목적이 아니기에 하루라도 이른 시기에 꽃을 피우는 개량 종자를 심는다.

며칠 전 산방산 주변부 유채꽃 구경에 이어서 오늘(2022년 1월 30일)은 성산일출봉 주변을 갔다. 성산일출봉 주변도 한겨울 유채꽃밭으로 유명하다. 표선해수욕장 지나 신천리 해안 길 따라 갔다. 이 해안도로는 늘 한적한 올레 3코스 일부다. 광활한 바다를 관광지 느낌 없이 잘 볼 수 있다. 지난주에 달려보고 좋아하게 된 드라이브 코스다. 지도에 이름도 없는 신천리 포구 북쪽으로 붙어있는 넓은 파식대 여에서 잠시 쉬었다. 이게 웬 복인가? 이 너븐여에서 바게트처럼 부풀어 올라 껍질이 터진 현무암을 보았다. 투물러스(tumulus)라고 한다. 제주도 화산활동 말기에 여기로 흘러온 점성 약한 현무암이 이곳에 도달할 때, 겉은 식어서 굳고 속으로는 용암이 뒤에서 계속 밀려오니 그 압력으로 바게트처럼 부풀어 오른 것이다.

바다와 올레길이 예뻐서 그만 쉬어가려 차를 멈췄는데 구좌 행원리에서나 만날 법한 투물러스를 보았다. 이후 이런 투물러스는 제주도 해안 여러 곳에서 더 보았다. 제주 지리에 관심을 지니고 살다 보니 그렇다. 투물러스에 관심 없는 아내는 먼발치에서 이날따라 강하게 분 북풍이 만들어낸 갈빗대 같은 높은 구름 운열을 찍는 것 같다. 작품이 나올지 기대된다. 관심사는 달라도 사랑하는 아내와 함께 예술사진 창작하며 다녀서 감사하고 행복하다.

올레 3코스 길은 해안으로 계속 이어진다. 신천리 포구 부근에서 올레길로는 차가 더 못 간다. 이에 큰길인 일주동로로 다시 나와 조금 가다 다시 신풍포구 쪽 해안 길로 들어서 삼달리를 지나면 신산리다. 여기부터 온평리 해안에 온평 - 신산 환해장성이 길게 나타난다. 삼별초 이래 쌓은 환해장성이다. 일부 구간은 기계공학적으로 복원된 듯 다시 만들어져 있었다. 차라리 다른 부분처럼 그냥 그대로 두었으면 더 아름다울 것을 원형을 파괴한 듯하다. 온평포구 환해장성 지나쳐 신양포구 지나고 섭지코지 진입 교차로를 통과하면 오늘의 목적지인 광치기해변 길이 시작된다. 광치기해변 끝자락은 성산일출봉으로 이어진다.

광치기해변 옆 도로 좌우로는 겨울철 유채꽃 재배지가 많다. 섬이

사진 1. 신천리 포구 부근 넓은 여(파식대)에 있는 바게트빵 같은 지형인 투물러스. 2022년 1월 30일. 위

사진 2. 신천리 포구 부근 넓은 여에 발달한 투물러스 근처서 사진 하는 나 그리고 인어공주 같은 아내. 2022년 1월 30일. 아래 왼쪽, 오른쪽

었던 성산일출봉과 광치기해변을 이어주는 육계사주 위로 건설된 오늘날의 4차선 도로변에도 있다. 오늘은 그림 1 인터넷 위성 지도에서 광치기해변 옆길에 있는 티라호텔 근처 유채밭에서 소수산봉이나 성산일출봉을 배경 삼아 사진 작업했다. 사진 3처럼 예술작품은 아닌 지리수필용 풍경 사진도 만들었다. 아내 말에 의하면 순수 미술(fine art)로서의 예술사진을 배우기 전과 비교해서 나의 지리 사진도 좋아졌다 한다.

저 성산일출봉은 언제 만들어졌을까? 제주도가 생겨나기 시작한 것은 180만 년 전이지만 이것은 그리 오래되지 않은 불과 5천 년 전 즈음이다. 80만 년 전에서 40만 년 전 시기에 해수면이 올라오는 간빙기에도 물에 잠기지 않을 높은 섬이 현재 서귀포시가 지역 중심으로 만들어졌다. 이후로는 수성 화산분출보다는 이미 만들어진 육지 땅에서의 용암 분출이 우세하게 일어났다. 신천리 포구 등지로 밀려온 용암으로 투물러스는 이때 만들어졌을 것이다. 1만 8천 년 전에 최후 빙하기가 끝나기 시작했고, 1만 년 전부터 현세가 되어 해수면이 현 수준과 비슷해졌다. 현세 중기인 5천 년 전 즈음에 제주도에서 마지막 수성화산 분출이 있었다. 성산일출봉과 송악산은 이때 만들어졌다. 그러니까 성산일출봉은 현무암이 아니고 수중 폭발한 화산분출물이 쌓여 굳은 응회암 지형이다. 올레 3코스에 있는 신천리 현무암 투물러스보다 한참 어리다.

이처럼 올레 1~3코스에는 자연이 빚은 다양한 지형이 자아내는 아름다움이 많다. 그중에서 3코스 해변 길은 개발의 손때가 적게 묻었

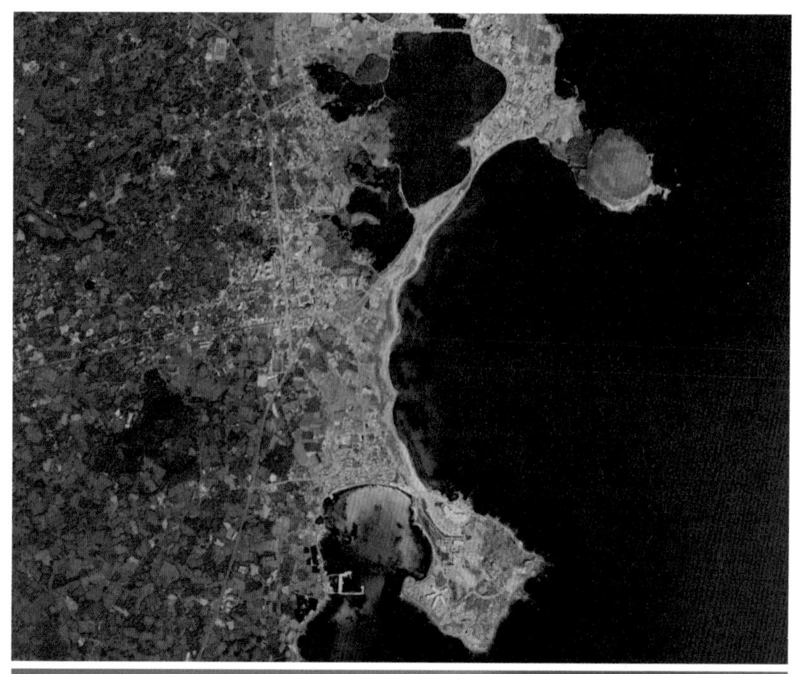

그림 1. 광치기해변 일대 위성 지도. 광치기해변 옆으로 낸 도로 좌우로는 겨울철 유채꽃 재배지가 많았다.

사진 3. 광치기해변 옆 도로 티라호텔 부근에서 바라본 성산일출봉과 유채밭. 2022년 1월 30일.

다. 투물러스가 있는 신천리에서 삼달리 지나 만나는 온평 - 신산 환해장성도 인공 복원된 구간을 제외하면 나지막한 것이 바다를 가로막지 않으며 풍경과 어우러진다. 길은 한적하고 태평양으로 이어지는 광활한 바다를 쉽게 만나게 한다. 그 바다는 우리의 모든 것을 이 모습 이대로 다 받아줄 것 같다.

올레 21코스 길 따라 하도리에서 본 것들

2022년 4월 중순이었다. 세계적인 농업 유산 경관으로 인정받을 가치가 충분한 곳을 찾아갔다. 구좌읍 하도리 밭담 지대다. 조선 시대, 아니 아마도 탐라국 시절부터의 돌담(밭담)이 아직도 비교적 잘 보전되어 있다. 구좌읍 세화리와 종달리 사이인 하도리는 제주도 북동쪽에 위치한다(그림 1). 올레 21코스는 이 밭담 지대를 구비구비 지나며 멋진 제주 바다를 조망하다가 바다와 만나게 한다. 이 코스는 세화해녀박물관에서 출발하여 하도리 별방진성을 거쳐서 종달리에 우뚝 선 오름인 지미봉(땅끄리뫼) 근처 바닷가에서 끝난다.

올레 21코스가 지나는 하도리 밭담에 대해 강기성은 그의 제주대 박사학위 논문으로 「제주도 농업환경에 따른 밭담의 존재형태와 농

그림 1. 제주도의 북동쪽에 자리한 구좌읍 하도리.

사진 1. 하도리 별방진성. 진성 내 무밭에 유채씨가 날렸는지 유채꽃이 한창이다. 2022년 4월 16일.

가인식에 대한 연구」(2015)를 썼다. 2020년 항공사진(사진 3)에 나온 하도리 농경지 모양이나 밭담 모습은 강기성 논문에 실린 1967년과 2014년의 위성영상(사진2)과 비교해 볼 때 변함이 거의 없다. 아마도 이것은 조선, 아니 탐라국 시대부터 만들어 온 농경지 모양 그대로일지도 모른다.

4월은 하도리 월동 무 수확기다. 하도리 별방진성 근처 올레길 주변 밭에서는 무 수확이 한창이었다. 멀리서 보면 유채밭인데 가까이 가면 무밭이다. 유채씨가 무밭에 날아와 자연적으로 자란 것 같다. 하도리 농부들은 무밭에서 유채를 제거하지 않는다. 그렇다고 유채를 채취하지도 않는단다. 무슨 용도일까? 하도리에서 농사짓는 노인이 "유채가 자라며 적당한 그늘을 만들어주니까 무가 연하고 맛이 좋아진다."라고 알려주셨다. 반면, 어떤 분은 유채 뽑기가 귀찮고 일손이 부족해서 그냥 둔다고도 한다. 누구 말이 맞는지 모르겠다.

세화에서 출발하여 밭담길을 돌다 보면 어느덧 숨비소리길로 이어지고 별방진성에 도착한다. 별방(別防)은 하도리 옛 지명이다. 성곽 주변 농경지에는 역시 유채밭 같은 무밭이 현무암 성벽을 배경으로 아름다운 경관을 자아내고 있었다. 마침 별방진성 북벽 망루 자리에서 어느 수채화 동호회에서 나온 5명이 그림을 그리고 있었다. 그 모습 그 자체가 또 한 폭 그림 되어 내 앵글에 담겼다(사진 6).

그림 2는 『탐라순력도』 중 「별방시사도」다. 『탐라순력도』는 1702년 제주 목사 이형상이 실시한 가을 순력과 제주도에서 치른 다양한 행사를 묘사한 기록 화첩이다. 이듬해인 1703년 봄에 완성되었다. 그림

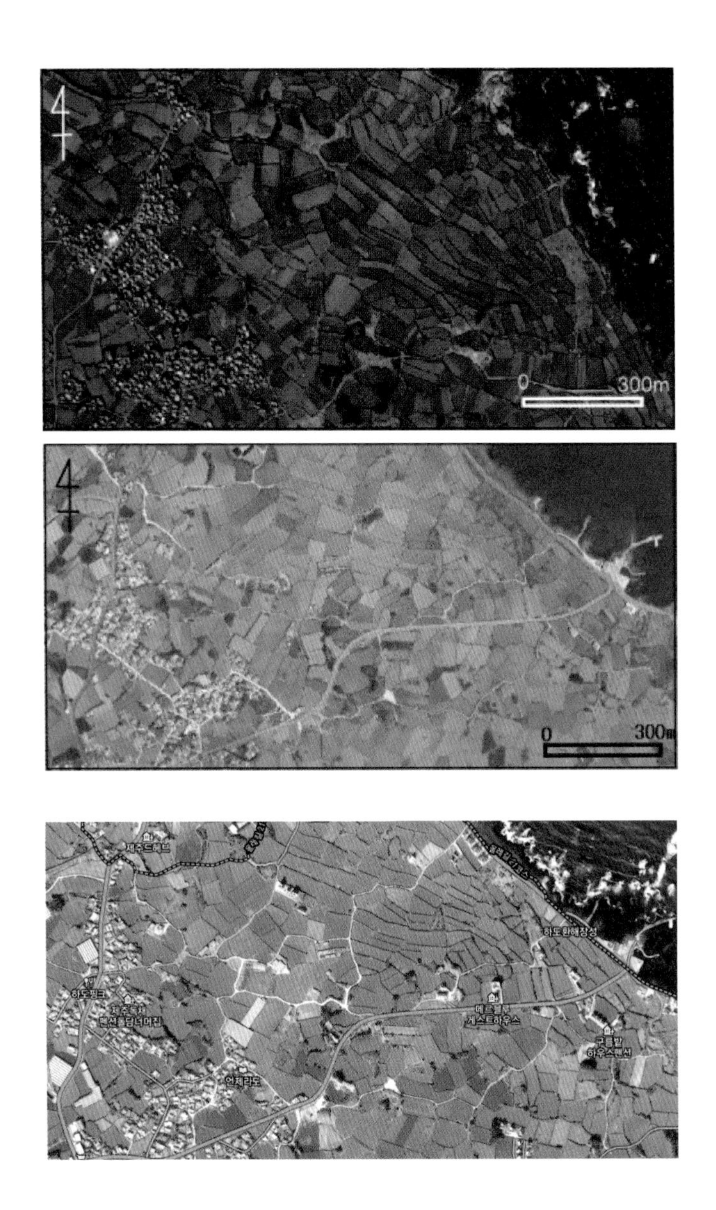

사진 2. 하도리 밭작 지대 위성사진(1967, 2014). 밭(담) 형태가 유사하다. 위·가운데

사진 3. 하도리 밭작 지대 항공사진(2020년). 밭 경계 모습이 강기성 논문에 실린 1967년과 2014년 위성영상들(사진 2)과 유사하다. 출처 : 다음 지도. 아래

사진 4. 유채가 자라 그늘을 만들어 준 하도리 무밭. 오른쪽 상단의 산이 종달리 지미봉이고, 중앙부 멀리 보이는 희미한 봉우리는 성산일출봉이다. 2022년 4월 16일.

사진 5. 별방진성 주변 수확이 끝난 무밭. 큰 마대자루에 무가 한가득이다. 포장된 농로에는 올레길 화살표가 보인다. 2022년 4월 16일.

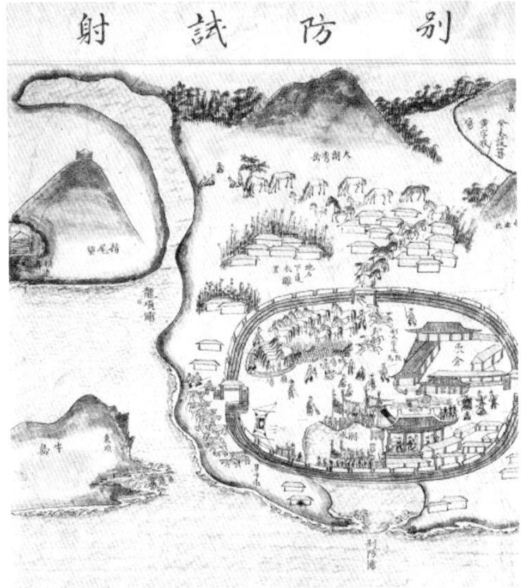

사진 6. 올레 21길이 지나는 하도리 별방진성과 포구. 2022년 4월 16일.

그림 2. 이형상 목사 『탐라순력도』 중 「별방시사(조점)도」.

에는 성내 누각에서 화살을 쏘는 모습이 보인다. 별방진성의 병마와 군량미 등을 점검하고 글로도 기록했다. 바다에는 우도 섬을 그리고 오늘날 철새도래지로 유명한 용항포 건너서 왼쪽 위로는 지미봉으로 불리는 지미망을 표시했다.

하도포구 별방진성 북문가에 이르니 어민들이 톳을 수확해 성 아래 도로에 널고 있었다. 1930년대 세화와 하도리 일대 해녀들 항일 잠녀 투쟁을 배경으로 한 소설『바람 타는 섬』에도 나오는 하도리 특산물 '톳'이다. 수확한 톳을 실어와 진성 가에 펴는 주민들과 인사하고 이모저모 여쭈어보았다. 2월에 채취했어야 할 톳이란다. 구부러진 허리로 일하시던 할머니께서는 "2022년 겨울에 코로나19가 하도리에 퍼져서 2월에 못 따왔다. 두 달 늦게 이제 따오다 보니 웃자라고 맛이 덜하다."라고 속상해하신다. 주변에서 일하던 하도리 청년이 나에게 먹어보라고 권한다. 따스한 인정을 느꼈다. 감사히 먹었다. 늘 그렇듯이 별다른 맛은 없다. 탱글탱글한 식감은 좋았다.

6월 중순이다. 아들이 다시 제주를 방문했다. 그동안 내가 공부하고 연구한 구좌읍 하도리 인문지리와 자연지리를 이야기하며 이 올레 21코스 길을 함께 걸었다. 이번에는 세화해녀박물관을 둘러보며 시작했다. 올레 21코스 시작점이다. 해녀 생활상과 1930년 항일 잠녀 투쟁 사료 등 보고 배울 게 많아서 좋다. 두 달 전 방문 시에는 한창 수확하던 하도리 무밭은 휴경 되거나 피가 자라고 있었다. 기분 좋게 불어주는 여름 바람에 피밭 무성한 줄기 대가 춤추고 넘실댄다(사진 9). 여물어 가는 피 이삭을 보니 조만간 추수할 수 있을 것 같다. 빨리

사진 7. 바다에서 실어온 어민이 먹어보라고 건넨 톳. 담백한 톳 식감이 좋았다. 2022년 4월 16일.

사진 8. 코로나19로 일손이 없어서 두 달여 늦게 채취해 온 톳을 별방진성 가에 너는 모습. 2022년 4월 16일.

도 두 달 만에 이만큼 자란 것이 신기하고 대견하다. 척박한 화산회토에서 자라는 피나 메밀은 제주민들의 주요한 양식이었다. 괜히 더 정감을 느낀다. 사진 하며 자세히 보고 주민들에게 묻고 배운 것들을 올레길에서 아들에게 알려주었다. 고등학생 때는 지리에는 별 관심 없어 한 아들이다. 청년이 되니 솔깃하며 듣는다. 귀담아들어주니 올레길이 더 즐겁다.

하도리 숨비소리길 지나고, 별방진성 떠나 해변 길로 들어섰다. 하도리 해안가 할망바다에 물질하는 해녀들이 보였다(사진 12). 숨비소리길은 올레 21코스와 일부 겹치기도 한다. 숨비소리란 잠수하던 해녀가 바다 위에 떠올라 참던 숨을 내쉬는 소리다. 휘파람 소리 같다. 진성마을 등 해안가 어촌마을에서 바다로 물질하러 가는 길이란 뜻이다.

하도리 농가들은 겨울에 강한 바람과 함께 생활할 수밖에 없다. 북촌처럼 하도리에서도 해안에서 편향수들이 눈에 띈다. 이곳도 겨울철 북풍이 강한 것을 알게 한다. 별방진성 성내 마을 집마다 돌담 역시 다른 마을 것보다 높게 쌓인 건 이치에 맞다. 돌담 중에서 집 울타리 담장은 울담이라 한다. 돌담에는 울담, 축담, 산담, 성담, 밭담, 잣성[중산간 지대에서 말 목장(마장)의 경계를 짓는 돌성] 등이 있다. 돌담은 한국의 여러 지역에서도 볼 수 있지만, 특히 제주도에서 많이 볼 수 있다. 제주도에서 특히 인상적인 경관이다. 2012년에 나는 사랑하는 제자 이성우와 함께 연구 논문 「제주도 해안마을 울담의 높이에 관한 연구」를 『대한지리학회지』(제47권 제3호)에 발표한 바 있다.

사진 9. 아들과 함께 간 6월의 올레 21코스 세화-하도리 구간 모습. 4월에 수확한 무밭 자리에서는 피가 재배되고 있었다. 2022년 6월 18일.

사진 10. 별방진성 주변 농경 지대. 멀리 별방진성이 보이는 이곳 4월 무밭 자리는 휴경 되고 있다. 2022년 6월 18일.

사진 11. 별방진성내 집 울담에 부착한 숨비소리길 표지판. 2022년 6월 18일.
사진 12. 하도리 바다에서 물질하는 해녀. 2022년 6월 18일.

조사 대상 마을은 울담이 잘 보전되어 있으며 지형 등 다른 외부요인에 의해 바람의 왜곡이 심하지 않은 해안지역에 자리한 마을로 선정하였다. 선정된 마을은 제주시 구좌읍 월정리, 행원리, 조천읍 북촌리, 애월읍 하가리, 한림읍 수원리, 한경면 판포리, 고산1리, 서귀포시 대정읍 신도2리, 남원읍 태흥3리, 위미1리, 성산읍 온평리 등 11개의 마을이었다. 울담 높이는 역시 월정리 울담이 평균 1.7m로 제주 해안마을 중에서 가장 높다. 행원리가 1.56m로 그다음이다. 오늘날 행원리에 풍력발전 단지와 에너지연구원 등이 자리 잡은 것도 우연이 아니다. 월정리해수욕장은 여름철이면 파도타기 서핑 장소로 아주 유명하다. 나도 이 여름이 가기 전에 배우려고 알아보았다. 초보 코스 3시간 강습비가 6만 원이다. 이제 와보니, 이때 하도리를 연구 대상 지역에서 빼놓은 것이 못내 아쉽다. 그나마 구좌읍 월정리와 행원리가 하도리와 가까운 곳이라서 다행이다. 다음은 논문 내용의 일부이다.

> 조사마을의 196개의 울담을 조사하였다. 마을별 울담의 조사대상은 마을주민과 인터뷰하여 옛집 중 높이가 변화가 없는 울담을 선별하고 이를 대상으로 조사하였다. 선정된 마을에 구축된 울담의 평균 높이를 조사하였다.
> 11개의 마을별 울담들에서 구좌읍 월정리 울담의 평균 높이가 가장 높았다. 판포리, 북촌리, 행원리, 신도2리 등도 다른 조사마을에 비해 울담이 높은 것으로 조사되었고 태흥3리, 고산1리, 위미1리, 온평리 등은 다른 조사마을에 비교하였을 때 울담이

사진 13. 월정리해수욕장 여름 풍경. 제주에서도 바람 센 이곳은 해안 카페촌뿐만 아니라 여름철 서핑 강습지로도 유명하다. 멀리 행원리 쪽 바다에 해상 풍력발전기들이 보인다. 2022년 7월 22일.

사진 14. 세화해녀박물관. 2022년 6월 18일.

낮았다.
제주도 북동부 해안에 위치한 월정리는 울담의 평균 높이가 170cm로 조사마을 중 가장 높은 울담이 구축되어 있었고, 해안에 가까울수록 높은 울담을 형성하고 있었다. 행원리는 울담의 평균 높이가 156cm로 조사마을 중 네 번째의 높은 울담이 쌓여 있고 동쪽 방향의 울담이 비교적 높게 형성되어 있다. 행원리에는 풍력발전 단지가 조성되어 풍력발전기가 다수 존재한다.

진성을 떠나 하도리 토끼섬(문주란 자생지)과 바다 건너 우도를 바라보며 걷는데 올레길 표지 리본이 바람에 휘날린다. 청명한 날에 구름이 적당히 많아 그늘을 만들었었다. 걷기에 좋았다. 토끼섬을 지나면 용항포 하도리해수욕장을 만난다. 앞서 소개한 이형상 목사『탐라순력도』중「별방시사(조점)도」에도 그려진 용항포가 이곳이다. 민물과 바닷물이 만나는 곳이고 철새도래지이기도 하다. 화창했던 이날에는 비취색과 진파랑 남색 바다색이 너무 아름다웠다. 바다 건너 우도 용머리 해안절벽이 어우러져 멋진 풍경을 그리고 있었다. 스노쿨링하는 어린이가 보였다. 아들더러 올여름이 다 가기 전에 다시 제주에 오라 했다. 함께 나도 하도해수욕장 앞 얕은 바다에서 스노쿨링하고 싶었다.

용항포 다리를 건너면 해안가 종달리 수국길과 올레 21코스 길이 갈라진다. 두 길이 다시 만난 후 조금 지나자 종달리가 나온다. 마을

사진 15. 용항포 앞 하도해수욕장. 하도해수욕장은 바다 건너서 보이는 우도 같은 주변 경관뿐만 아니라 여름철 바다색도 아름답다. 2022년 6월 18일.

사진 16. 종달리 수국길과 갈라졌다 만나는 올레 21코스 끝자락. 종달리 지미봉(땅끄리오름) 근처이고 성산일출봉이 보인다. 수국꽃이 한창이다. 2022년 6월 18일.

이름이 제주섬 동쪽 끝이라서 종달리인가 싶다. 종달리에 우뚝 솟은 오름 이름도 지미봉(땅꼬리오름)이니까 말이다. 성산일출봉이 보이면 올레 21코스 길 종점이 나온다. 저 멀리 성산일출봉이 보일 때 아들이 예쁜 탄성을 내뱉었다. 좋을 줄은 알았지만 세화리, 하도리, 종달리에 걸쳐있는 올레 21코스 길이 기대보다 너무 좋았단다. "아버지와 제주의 또 다른 올레길도 걷고 싶어요."라고 한다. 지리학을 전공하고 연구한 지역을 함께 걸으며 아들에게 이모저모 가르쳐줄 수 있어서 나도 좋았다.

10.

밭담길과 중산간에서 만든 한국화 같은 사진 작품들

한국화 같은 작품을 기대하게 하는 눈 많은 2022년 겨울 제주

청전(靑田) 이상범(李象範)은 "우리 그림에는 우리의 분위기가, 우리의 공기가, 우리의 뼛골이 배어 있어야 한다."라고 하였다. 그의 한국화는 덕수궁 현대미술관에서 처음 보았다. 그는 한국화 거장이다. 한국의 새로운 남종화, 한국적 산수화를 개척했다. 1897년 공주 출생, 1925년부터 조선미술전람회에서 10회 연속 특선, 1936년 조선일보 문화부 기자 시절 일장기 말소하여 옥고를 치른 분이다. 일제 말 《매일신보》에 징병제 시행을 축하하며 기고한 삽화 「나팔수」 등 친일 활동은 오점이다. 그렇지만 근현대 한국화에서 그를 빼고는 이야기할 수 없다고 한다. 1949년에서 1961년까지 홍익대학교 교수를 역임했다.

어느덧 제주살이도 만 1년이다. 입도한 작년 12월에 비교해 2022년 12월 제주는 눈이 많다. 자주 내린다. 추사 김정희의 「세한도」의 노송에 눈 내리는 상상적 모습, 또는 이상범의 「사계」(1954)와 「조」(1954)란 작품처럼 갈필법과 수묵의 담채가 어우러진 풍경 사진이 내 카메라로 그려지면 좋겠다. 추사 「세한도」에 쓰인 필법이 갈필법이라고 미술 전공한 아내가 알려준 적 있다. 한국인인 나도 카메라로 매화를 치거나, 청전 작품 같은 한국화풍 사진을 만들고자 노력해왔다.

2019년 사진가 함철훈 선생님 문하에 들어 배우기 시작한 그해부터다. 첫 만남, 첫 강의 이전에 이미륵의 『압록강은 흐른다』라는 책을 읽고 가는 것이 숙제였다. 이 책은 1946년 독일에서 발표되었다. 이미륵의 대표작품이다. 독일어로 쓴 자서전으로 지금도 독일 중·고등학교 국어 교과서에 실려 읽힌다. 1930년대에 배를 타고 태평양과 인도양을 건너 지중해의 프랑스 마르세이유항을 거쳐 독일로 유학 가서 살았다. 작가의 성장 과정과 역사적인 배경을 서술하고 있다. 옛 학교 모습과 시골 풍경에서 주인공이 성숙하는 과정이 전개된다. 그때는 끝까지 읽어도 도무지 사진하고 이 책하고 무슨 관계가 있는지 파악이 안 되었다. 그 이유를 선명히 알게 된 것은 사진 1 함철훈 선생님의 작품을 접하고서다. 다음은 함철훈 선생님의 사진수필집 『사진으로 만나는 인문학』에 담긴 내용이다.

> 사진이란 정해진 대상을 찍지만, 좀 더 깊이 살펴보면 그 대상을 통해서 나를 찍는 행위다. 외국에서 낯선 피사체를 촬영하더라도 내가 선택하는 순간 이미 피사체는 내 마음, 곧 한국인의 정서가 담기는 것이다.

사진 1. 함철훈 선생님 작품. 출처 : 함철훈, 2013, 『사진으로 만나는 인문학』, 교보문고.

위 사진은 미국에서 찍었지만, 동양적인 정서가 풍긴다. 동양화 미적 요소인 여백이 많은 사진이기 때문이다. 나는 이 사진을 왜 이렇게 단순하게 찍었을까?

사람들이 자신이 좋아하는 것을 선택하는 것은 거의 무의식적인 본능이다. 대부분의 예술은 처음에는 되풀이되는 훈련을 통해 발전하지만, 어느 단계에서부터는 오히려 그 틀에서 벗어나야 할 때가 있다. 이것을 나는 본능에 가까운 '초의식의 상태'라 이름 붙이고자 한다.

자신이 아름답다고 찍는 사진도, 본능적인 선택의 연속이다. 그러니 자신이 아름답다고 찍는 사진도, 한국에서 태어나 우리 문화 속에서 자란 사람이 촬영한다면 거기에는 당연히 한국적 정서가 담길 수밖에 없다.

눈이 오면 오름들과 한라산 중산간 지역은 천연눈썰매장으로 변한다. 오름이나 제주 중산간을 지나다 차들이 정차한 곳은 무조건 자연썰매장임을 제주 사람들은 다 안다. 2022년 12월 23일, 폭설로 이른 오전 두 편 이후 제주공항은 폐쇄되었다. 여전히 대설주의보 상태였지만, '제주도에 스키장이 없는 이유'라는 글 재료를 만들고자 중산간 지대 몇 군데를 목적지로 설정하고 오전 10시경에 집을 나섰다. 한라산 중산간 지대를 돌다가 1100고지로 넘어오려 했다. 1. 비자림로 근처 절물휴양림 옆인 봉개 4·3평화공원 → 2. 마방목지(용강동 산 14-18) → 3. 제주시 쪽 왕벚나무 자생지(용강동 산 14-2) → 4. 탐라교육원(오라2동 산 100) → 5. 의생 최제두 기념비에서 (구)섬문화축제장 내려가는 길(오라2동 산 40-6) → 6. 어승생삼거리 한울누리공원 입구 부근 오른쪽 경사진 목장 → 7. 어승생삼거리에서 1117번 산록도로 대정 방향 조금 지난 사유지 목장(해안동 초지) → 8. 어리목 입구 → 9. 1100고지 → 10. 서귀포 산록남로 치유의 숲을 거치며 천연눈썰매장들을 촬영하려 한 것이다.

비자림로를 따라 첫 목적지인 봉개 4·3평화공원으로 가던 중이었다. 남원읍에서 제주시 다닐 때 자주 다니는 길이다. 언젠가 작품이 하고 싶었던, 심중에 두고 눈여겨보던 한 목장에 눈이 내리니 더 아름다웠다. 애초 계획에 없던 사진 작품을 만들고자 길가에 주차했다. 눈보라 속에 촬영을 마치고 떠나려니 차가 요지부동이다. 벗겨지는 스노체인을 감고 여러 번 시도해도 차바퀴만 헛돈다. 싸구려 플라스틱 스노체인은 이런 눈밭에서는 무용지물이었다. 막대기로 바퀴 주변 눈을 퍼내고, 퍼내도, 차는 제자리다. 육신이 지쳐갈 때, 사려니숲길 북쪽 입구에서 교래리 쪽으로 눈 속에 내려오던 도보 여행자님이 나타났다. 사진 2에서 바퀴를 살피는 분이다. 그분이 꺾은 나뭇가지를 바퀴 밑에 넣기를 여러 번 반복하고 지나가던 차량 세워서 두 명의 젊은이가 함께 밀자 드디어 차가 길 위로 올라섰다.

길 위에서 만난 사람들의 대가 없는 사랑과 정을 함박눈처럼 맞은 날이다. 이제는 집으로 빨리 가는 길인 남원 - 조천 간 남조로 대신에 안전하게 6차선 대로인 제주 - 표선 간 97번 도로인 번영로 쪽으로 내려갔다. 산굼부리 인근 식당에서 백반을 사드렸다. 원자력발전소에

사진 2. 비자림로에서 눈밭에 빠진 내 차. 2022년 12월 23일.

근무한 분이라서 양자역학과 우주 팽창 이론과 천지창조에 대해서도 박식하고 자녀 교육도 잘하신 분이었다. 원래 목적은 허탕을 치고 체력 고갈, 육신은 탈진 상태지만 감사한 마음 안고 무사히 집으로 돌아왔다.

오늘은 작품 하러 나선 길은 아니었다. 집에 와 족욕 하며 카메라에 담긴 작품들을 살폈다. 한 작품(사진 3)에 이르자 아내가 탄복하며 설명한다.

> 이 작품의 눈이 듬성듬성 묻은 이 굵은 줄기 부분들은 추사 세한도 노송처럼 갈필로 그린 것 같고, 중경 겨울 숲에 무성한 나뭇가지들의 수묵화 같은 표현도 너무 아름답습니다. 원경 겹산 부분은 청전 이상범 수묵화 같습니다. 이건 화가라도 보통 화가가 그릴 수 있는 작품이 아니에요. 자기가 그렸네요.

그 정도인가? 아내 설명 들으니 그런 것 같기도 하다. 오늘 좋은 작품이 예기치 않게 나왔다. 프로 사진가를 지향하면 아마추어와 달리 책 출판이나 전시회 전에는 작품을 아무 때나, 심지어 자식에게도 공개하지 않아야 한다고 함철훈 선생님은 단단히 이르신다. 선물로 받은 사진 작품을 제 솜씨인 줄 우쭐대지 말라신다. 사진의 깊이를 생각으로 더하며, 겸비하면서 때를 기다리시란다. 우선 이 책에 한 점 싣고 전시회에 큰 작품으로 만들어 내보려 한다.

눈은 그쳤다. 글을 쓰는 오늘은 크리스마스이브다. 곧 자정이다.

사진 3. 카메라로 그려낸 수묵화. 미출품작.

내일 크리스마스 예배는 1908년 설립된 제주시 성안교회서 드리려 한다. 1907년 평양 대부흥사경회 때 제주로 선교사 파송을 요청하는 편지가 읽혔고 목사 안수받던 이기풍 목사님이 자원해 오셔서 세워진 교회에서 분립한 것 중 하나다. 예배 후에 성안교회서 가까운, 어제 못 갔던 관음사 쪽 자연 눈썰매장 몇 군데를 돌고자 한다. 이번에는 아내도 함께 간다. 애초 예정에 없던 선이 고운 새별오름 천연눈썰매장도 가려 한다. 아내가 좋아하는 곳이다.

빛과 생명을 창조하신 하나님 은혜에 감사하다. 우리를 구원하러 이 땅에 오신 예수님 탄생의 기쁨이 온 누리와 이 글을 읽는 모든 독자에게 언제나 풍성해지시길 기도한다. 메리 크리스마스!

사진함이 내게는 또 하나의 예배
- 현무암 밭담과 밭담 사이에 눈보라 날리던 날 사진 하다

눈보라는 간헐적으로 세찼다. 오래전부터 나는 추사「세한도」의 소나무에 눈 내리는 모습을 심상에 그려왔다. 현무암 돌담 사이로 독야청청한 키 큰 소나무들이 서 있는 장소를 찾아두었다. 밭담 많은 하도리가 이런 이미지를 카메라로 그려내기 좋다. 해안지방 하도리 눈 소식을 기다려 왔다. 잠들기 전 창밖을 보니 공천포에는 눈이 내린다.

새벽 5시에 일어나 일기예보를 살폈다. 눈 내린다더니, 오후 시간당 날씨 예보는 비가 오거나 흐리다가 햇살이 비칠 것으로 하루 만에 바뀌어 있었다. 게다가 오전 예보도 변했다. 눈 내릴 시간도 오전 일찍 끝난다. 남원읍 공천포에서 구좌읍 하도리까지는 멀다. 눈으로 예보된 이른 오전 시간대에 눈여겨 심상에 그린 그곳까지 가려면 이제는 주일 예배를 빼먹어야 한다. 실망이 컸다. 낙심하는 나에게 아내가 오전 예배드리고 그냥 가보자 했다. 함박눈이 오후에도 내릴 수 있을 것이란다. 비나 진눈깨비가 오면 어떠냐고 한다. 작품은 빛을 창조하신 주님이 주시는 것인데 안 주시면 어떠냐고 한다. 오늘 출사하자고 용기를 북돋웠다. 현숙한 아내고, 함께 사진 하는 동지다. 아내 말대로 되었다. 오늘은 예보와 달랐다. 이 글 마지막에 기재한 기상청이나 기상정보 판매회사들 시간별 예보가 대부분 맞지 않았다. 오후에 세 시간여 동안 하도리에서 눈 내림 가운데 작업했다. 우리가 충분히 사진 하도록 풍성한 눈발이 때로는 세찬 눈보라가 수시로 뿌려졌다.

하나님 창조하신 빛으로 하도리에서 눈 내리는 풍경을 그렸다. 눈보라에 앵글 속 세상은 동양화처럼 흰색과 회색 모노 톤으로 변한다. 사진은 진짜를 복사한 것이 아니고 빛(포토)으로 그리는(그라피), 빛그림(포토그라피)이라 사진가 함철훈 선생님에게 5년째 배우고 있다. 사진은 그 땅의 아름다움을 빛으로 그리는 작업이다. 단순한 취미활동이 아니다. 사진으로 주님을 예배하고 하나님의 아름다움을 세상에 전할 프로 사진가를 지향한다. 함 선생님과 우리 V.W.I.(Visual worship Institute) 소속 작가들에게 있어서 사진의 궁극적 목적은 예수님 시선으로 세상에서 바라본 것들을 그려내는 것이다. 눈보라 속으로 빠져들며 예기치 못한 아름다움에 감탄하며 셔터를 눌러 갔다. 인간 눈으로는 볼 수 없는 하나님의 아름다움을 또 그분이 창조하신 만물의 아름다움을 카메라는 보게 하고 빛이란 물감으로 그리게 한다. 그래서 그런 아름다움을 그리며 사진 하는 이 시

사진 1. 하도리 밭담가에서 사진 하는 아내. 2022년 12월 18일.

사진 2. 하도리 밭담가에서 사진 하는 나. 2022년 12월 18일.

사진 3. 성산일출봉 인근 겨울철 유채밭. 2022년 12월 18일.

사진 4. 2023 V.W.I. 단체전 〈비움 너머 보이는 아름다움〉(아트스페이스 루모스)에 출품된 작품.

간은 내가 자연스레 주님을 경배하는 시간이 된다. 사진 하는 게 내게는 또 하나의 예배다. 언제인가 아내와의 공동 갤러리 개소를 꿈꾼다. 갤러리가 주님을 높이는 색다른 예배당이 되면 좋겠다. 사진으로 예배하는 길을 아내와 함께 걸어서 더 행복하고 감사하다.

오후 4시경에 눈발이 그쳤다. 하늘이 맑아진다. 사진 작업을 마쳤다. 공천포 집으로 오는 길에 본 성산일출봉 인근 12월 유채꽃밭은 벌써 손님 맞을 채비를 갖추고 있었다. 겨울 제주 유채꽃밭으로 언론에 자주 나오는 곳이다.

이 아름다운 제주섬 주인은 누구일까? 땅문서를 소유한 사람이 아니고 이 땅의 아름다움을 본 사람이 진정한 주인이라면, 나와 아내는 사진 하며 점점 더 제주섬 주인이 되어간다. 난 이날 군부대와 경찰서 등에 배포되는 문화예술 잡지『와플터치』에 실리게 된 아름다운 한국화 같은 작품을 얻었다. 이 작품은 2023년 함철훈 선생님이 감독하신 V.W.I. (Visual Worship Institute) 단체전 <비움 너머 보이는 아름다움>(아트스페이스 루모스)에 출품되기도 했다(사진 4). 개인전은 작가 마음대로 전시한다. 주제가 있는 단체전은 전시회 감독의 심사를 거치므로 작가나 작품에 권위가 더 생길 수 있다.

참고 자료 **이날 시간대별 날씨 예보가 적중하기 어려웠던 이유**

기상청은 정오 지나면 오후 1시대에만 잠시 강설이라 했다. 여타 기상정보 판매회사들은 정오 이후론 내내 흐림이거나 눈은 아니고 비 내림으로 예보했다. 이날 오후에 하도리에서 심상에 그려둔 설경 작품을 한다는 것은 어려울 것이었다. 하지만 모든 예보가 틀렸다.

이날에는 강한 북서풍이 만들어 내는 눈구름대가 갈빗대처럼 서풍 계열 바람 방향으로 길게 늘어서고 사이사이 갈라졌다(사진 1). 제주 남서쪽에서는 저기압성 회전으로 남서풍이 강하게 올라오는 모습도 보인다. 이를 운열이라 한다. 북서풍을 탄 운열들이 전체적으로는 서

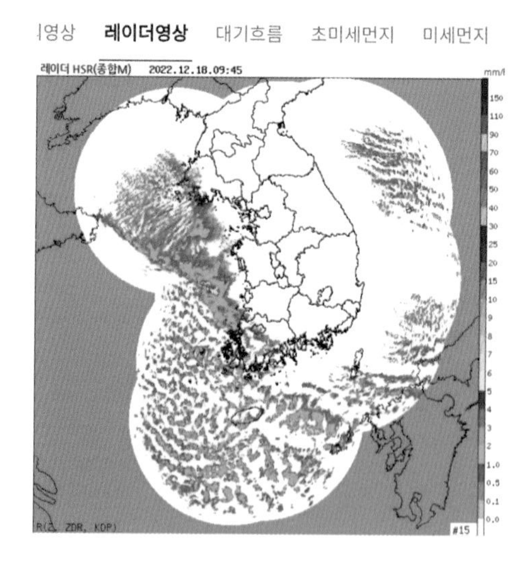

사진 1. 2022년 12월 18일 구름 사진에 나타난 운열. 강한 북서풍이 만들어 내는 눈구름대가 갈빗대처럼 북서 내지 서풍 바람 방향으로 길게 늘어서고 사이사이 갈라졌다.

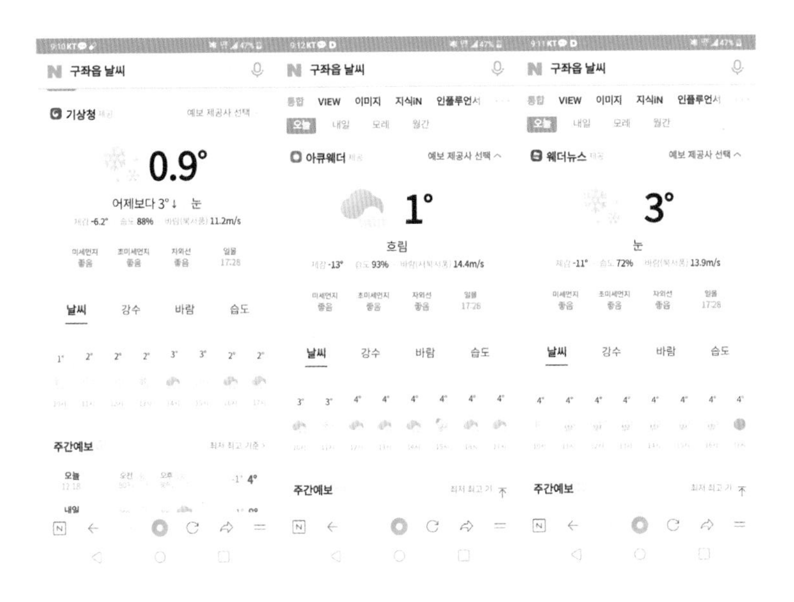

사진 2. 2022년 12월 18일 3개 회사별 구좌읍 시간당 날씨 예보.

에서 동쪽으로 흐르며 본토 서해안과 제주도를 지났다. '갈빗대'로 비유되는 눈구름대 하나하나가 지날 때마다 눈이 내렸다. 눈 내림 시간이 10분이 안 될 때도 있고, 비교적 길게 1시간 정도 내릴 때도 있었다. 눈이 멈추는 시간은 사진 1 기상 레이더 영상에서 흰색 부분이 지나는 시간이었다. 눈은 내리다 그치기를 반복했다. 이런 날에는 정확한 시간당 수치예보 모델링이 정말 쉽지 않을 것이다.

가파도에
봄이 오나 봄

11.

고산평야와 가파도

고산평야와 제주 감자

나와 아내는 찐 감자에 굵은 천일염 찍어 먹는 걸 좋아한다. 20여 년 전이다. 2000년대 초에 수월봉이 있는 제주시 한경면 고산리 일대로 지리학과 학생들과 답사를 왔었다. 시커먼 흙이 묻은 제주 감자를 그때 나는 처음 봤다. 그때까지 내가 먹는 감자는 강원도 감자인 줄로만 알았다. 농부에게서 "제주에서는 감자를 일 년에 두 번도 짓고 제주도 감자 생산량이 강원도 감자의 생산량보다 많다."라는 이야기를 듣고는 지적 충격을 받았었다.

2022년 3월 초순이다. 2월에 심었기에 싹이 피어났을 제주 서부 '고산평야' 감자밭들이 궁금했다. 고산, 신도, 무릉리 일대인 고산평야에는 감자와 더불어 마늘, 양파, 보리와 브로콜리도 많이 재배했었는데 지금도 여전할까? 역시 궁금하다. 집이 있는 남원읍 일대에 가볼 곳이 너무 많다 보니까 제주 1년살이 시작한 지 3개월이 되어가는데 여태 못 갔다. 고산평야는 연구차 들판을 누비며 돌아다녀서 애정이 가는 동네다. 한국 지리학계에서 '고산평야'란 지명은 내가 이곳 논문을 쓸 때는 공식적으로 없었다. 2010년에 나는 학술지에 「제주도 서부지역 고가수조 경관의 형성 배경」이라는 논문을 발표하면서, "지리학계에서 제주도의 경우 '평야'라는 용어를 사용하지 않고 있는데, 고산리 일대의 넓은 들을 '평야'로 부를 것인지에 대한 논의가 필요하다."라고 제안한 적이 있다. 10년이 더 지난 이제 와 살펴보니 언론인이나 지리학자들이 '고산평야'란 지명을 잘 쓰는 것 같다. 13년 전, 고산평야를 대상으로 한 이 논문 자료 수집 여행에 나랑 함께 다닌 아내하고 오늘 다시 고산리와 신도리 일대를 다니니 감개가 새롭다.

감자는 조선 순조 24년(1824)쯤 한반도에 도입되었다. 제주도는 유채와 보리로는 농촌소득에 한계를 보이자 1992년 제주 농업기술원에 감자 기술센터를 설립, 감자재배 확대에 주력해 왔다. 제주 씨감자 자급을 위한 제주 감자 기술센터에서의 씨감자 생산은 1995년부터 시작되었다. 강원도 횡계의 씨감자를 가져다 쓰다가 제주의 독자적인 씨감자 생산 체계를 갖춘 것이다. 1997년에는 제주 감자의 생산량이 강원도보다 앞서기도 했다. 튀김이나 쪄서 먹기 좋은, 하얀 분이 나는 '수미'나 탕과 국거리용으로 좋은 '대지마'가 감자의 대표적인 품종이다. 제주도에서는 추위에 강한 '대지마'가 가을 감자와 봄 감자로 1년에 두 번씩 재배되었다.

김동인 단편소설 「감자」(1925년 발표)는 한국 근대문학의 대표작이

사진 1. 제주 고산기상대가 자리 잡은 수월봉 기슭 봄 감자밭 풍경. 2월에 심은 감자 싹이 올라오기 시작했다. 2022년 3월 8일.

다. 이 작품에서 '감자'는 실제는 '고구마'를 뜻한다. 소설 배경은 1920년대 평양 칠성문 밖 빈민굴이다. 소설 주인공인 "'복녀'가 중국인 채마밭으로 숨어들어 감자며 배추를 도둑질하곤 했다."라는 구절에서 이 감자는 고구마라는 것을 확인할 수 있다. 봄 감자는 여름 장마가 오기 전에 수확하고, 가을 감자는 겨울에 수확한다. 가을에 배추와 수확기가 비슷한 것은 감자가 아닌 고구마이기에 그렇다. 당시 평양 사람들도 제주 사람들처럼 고구마를 감자라고 부른 것이다. 제주어로 감자는 '지슬' 또는 '지실'이라 했다. 감자는 평양 사람들뿐만이 아니라 척박한 제주 토양에서 살아온 제주인에게도 배고픔을 해결하기 위한 긴요한 작물이었다.

사진 2에 이른 봄 신도리 감자밭 풍경을 담았다. 카메라를 들고 밭길로 다가가니까 밭일하던 아낙께서 먼저 인사하신다. 길을 가다 반갑게 맞아주는 이런 현지인들이 계시면 맘이 포근해진다. 자신도 사진가라 하신다. 감자순이 숨 쉬도록 장대에 달린 쇠꼬챙이로 비닐을 찢고 계셨다. 비닐을 푹푹 찢는데 감자순 한 개라도 다치는 것이 없다. 제주 메밀처럼 일 년에 두 번 재배하는 제주 감자에 대해 여쭈었다. "연작 피해를 방지하기 위해 같은 밭에서 봄 감자와 가을 감자를 연이어 재배하는 일은 절대로 없다."라고 한다. 바람에 펄럭이는 감자밭 비닐을 주제로 찍으라면서 자기 밭에서 아름다운 앵글도 일러주셨다. 농사지으며 사진 하는 멋진 분이었다.

1990년대에는 강원도보다 많았던 제주 감자 생산량은 전국 8등으로 내려앉았다. 2021년 자료에 의하면, 가을에 심어 겨울에 수확한

사진 2. 신도리 감자밭, 2022년 3월 8일.

가을 감자 경우에는 경북이 64,104톤으로 전국 생산량의 16.9%로 1등, 뒤이어 충남이 62,453톤(16.4%)이고, 강원도는 54,629톤(14.4%) 순으로 3등, 제주가 8등이다. 강원도보다는 경북과 충남이 더 많다. 제주 농업기술원은 2019년 시험품종인 '탐라감자'를 개발하여 제주에서 30년 이상 재배해 온 '대지마' 감자가 연작 재배로 인한 더뎅이병 발생이 많아 농가소득 감소로 재배를 기피하는 문제를 해결하려 애쓰고 있다고 한다. 다시 10년 후에는 어떻게 될까?

고산기상대가 위치한 수월봉 기슭 보리밭에서 유명자 씨(71)를 만났다. 봄바람 타고 청보리 싹이 파릇하게 올라온 밭 한가운데 무덤가 산담에 앉아 쉬고 계셨다. 인사를 건네고 감자 농사에 대하여 이모저모 여쭈니 일가친척처럼 반가워하며 말씀하셨다. 이 무덤은 돌아가신 남편 산소란다. 예전에는 이 밭에서 감자를 재배했단다. 이제는 혼자서는 힘에 부쳐서 일손이 많이 가는 감자 농사는 못 짓기에 보리를 심었다고 하신다.

제주도에선 봄 감자가 가을 감자보다 적게 재배되기는 하지만, 오늘 찾은 고산평야에는 13년 전 봄에 본 것보다 감자밭이 눈에 띄게 적었다. 대신 무릉리 쪽 신도리 밭에서는 단호박을 파종하고, 신도리 해안가 인근 밭에서는 양파 농사가 막바지에 접어들어 마지막 농약을 치고 있었다. 양배추밭도 많고, 비교적 따뜻한 고산평야에서 겨울을 난 월동 무를 수확하는 밭도 보았다. 고산평야에 감자뿐만 아니라 이전보다 더 다양한 특산물이 재배된다. 한때는 강원도의 생산량보다 많았던 '제주도 감자'다. 이젠 내 지리학 강의 노트를 고쳐야겠다.

사진 3. 고산기상대 수월봉 기슭 보리밭에서 만난 유명자(71) 씨. 2022년 3월 8일.

사진 4. 신도리 밭 단호박 파종 모습. 10년 전에 비교해 감자 외 다른 작물이 많아졌다. 2022년 3월 8일.

사진 5. 수확을 10여 일 앞두고 마지막 농약을 치는 신도리 해안가 양파밭. 막힌 곳 없는 평야 지대다. 왼쪽 위에 산방산이 희미하게 보인다. 2022년 3월 8일.

사진 6. 월동 무 수확이 한창인 신도리 밭. 그 오른쪽으로는 양배추밭이 보인다. 2022년 3월 8일.

수월봉, 차귀도와 다시 만난 고산평야 고가수조

2022년 3월 초순 날씨도 좋아 고산평야를 둘러보고 고산리 유네스코 자연유산인 수월봉 지질 트레일 산책도 할 겸 아내와 함께 길을 나섰다. 고산 수월봉 지질 트레일을 시작하면 차귀도 바다를 만난다. 가끔은 가까운 모슬포 앞바다가 주 거주지라는 돌고래 떼도 지나친다. 유네스코 세계자연유산 수월봉 일대 퇴적 물결 응회암 노두와 차귀도 앞바다는 언제 봐도 아름답다. 해안 길 절벽에는 수중 폭발 시 치솟았던 화산재와 돌멩이, 바위들이 내려앉아 쌓인 퇴적층이 물결치는 것이 아주 인상적이다. 그런데 차귀도와 이곳 수월봉 사이인 저 바닷속이 화산분화구란다. 차귀도와 수월봉 해안 길 중간인 바다 밑바닥이 화산분화구 중심이다(사진 1). 수중 화산폭발로 생긴 원형분화구 일부가 침식되어 사라지자, 차귀도 부분이 남아서 섬이 되었다. 차귀도와 수월봉 사이 원형 능선은 침식으로 사라졌다. 그러니까 현재

사진 1. 고산 수월봉 지질 트레일을 걷다 차귀도를 바라보는 아내. 2022년 3월 8일.

사진 2. 수월봉 응회암 절벽 지형. 수중폭발로 인한 화산재와 화산탄이 내려 쌓여 물결 모양을 이루었다. 2022년 3월 8일.

의 차귀도 섬은 분화구 둥근 능선 일부분이 남은 것이다.

수월봉에서 차귀도 가는 배를 타는 차귀도 포구까지 해안을 따라 낸 수월봉 지질 트레일은 올레 12코스가 지나는 길이다. 본토에서 손님이 왔을 때도 함께 걷기 좋은 길이다. 여기서 이런저런 지역 지리 이야기를 들려주면 흥미로워한다. 지리학을 공부한 것이 뿌듯해지는 시간이다. 트레일이 끝나는 차귀포구 가까이 가면 해풍에 말리는 오징어가 빨랫줄 같은 것에 죽 널려있다. 울릉도 바다에서 잡은 오징어는 아니다. 오징어 살이 많고 생김새는 크다. 대서양에서 원양어업으로 잡은 오징어를 가져와 제주도 해안가 여기저기서 말린다. 바람이 많고 파리가 적어 오징어 말리기 딱 좋은 지방이고 계절이다.

수월봉과 맞닿은 고산평야는 13년 전 이곳 논문을 쓸 때 아내와 함께 구석구석 누비며 돌아다녀서 애정이 가는 동네다. 몇 편 안 되지만 제주도에 관한 논문은 기회 있으면 써왔다. 앞글에 밝힌 대로, 2010년에 나는 학술지에 「제주도 서부 지역 고가수조 경관의 형성 배경」이란 논문을 발표했다. 아내와 여행 겸해서 연구하기 좋은 곳이라서 그랬다. 고가수조란 지하수를 퍼 올려 원두막처럼 만든 수조에 저장하는 수리시설의 하나다. 농민이 자기 밭까지 연결된 물 호스 밸브를 열면 높은 곳에 저장된 물이 위치에너지에 따라 밭에 설치된 스프링클러 같은 분사기들에서 그냥 뿜어진다. 한라산지는 연 강수량 5,000mm가 넘는 세계 최대 다우지 중 하나다. 마치 히말라야 벽에 막힌 방글라데시 아샘 지방만 한 강수량이다. 반면 한라산 근처인 이

사진 3. 고산평야 신도리 마늘밭과 감자와 마늘을 그린 고가수조. 2022년 3월 8일.

고산평야는 연 강수량 1,200mm대로서 한국의 소우지(비가 적게 오는 지방) 가운데 한 곳이다. 같은 섬인데 놀라운 강수량 차이다. 편서풍 지대에서 서풍 따라 오는 비구름대는 평평한 고산평야는 대체로 그냥 지나 한라산지에 부딪쳐 비를 쏟아붓고, 동쪽을 따라 오는 비구름대는 역시 한라산지에 부딪혀 비를 뿌린 후 제주 서부 고산평야를 지나가나 보다. 여기에 더해서 고산평야는 주상절리가 많이 발달하여 배수가 잘되는 현무암 지대에 있다. 이런 지역에 고가수조 설치는 신의 한 수 같다. 2010년 제주대에서 열린 학술대회에서 이 논문을 발표하고 단상에서 내려올 때의 일이다. 《제주일보》 기자로 기억하는 한 분이 날 기다렸다. 제주를 연구해주어 감사하다며 "교수님, 제 고향이 저곳 신도리입니다. 늘 눈에 익은 고가수조입니다. 그것에 저런 지리적 의미가 담겨 있는 줄 몰랐습니다."라고 말했다. 외지인인 내 눈에는 고가수조며 동네마다 다른 농특산물을 그린 벽화가 참 인상적이었다. 제주인 눈에는 그저 일상적으로 함께한 풍경에 속한 것이라서 눈길을 두지 않았나 보다. 감자와 달리 마늘밭은 여전히 여기저기서 더 자주 눈에 띄었다(사진 3). 이 고가수조 벽화는 요즘에 새로 그린 것 같다.

13년 전 고산평야를 대상으로 한 이 논문을 위한 자료 수집 여행에 나랑 함께 다닌 아내하고 오늘 다시 고산리와 신도리 일대를 다니니 감회가 새롭다. 감자밭은 덜 보여도 마늘밭은 여전한 것 같다. 마늘과 특산물 벽화를 그린 고가수조가 보였다. 아내와 들판을 여유롭게 누비며 추억 찾아 고산평야 이곳저곳 다시 다니다 보니 일부러 찾은

사진 4. 2010년 이성우 & 김만규 발표 논문 「제주도 서부 지역 고가수조 경관의 형성 배경」에 실은 '마늘을 들고 선 여인 벽화'가 그려진 고산평야 고가수조(위), 13년 만에 다시 만난 여인 벽화는 지나간 세월 따라 희미하다(아래). 2022년 3월 8일.

건 아닌데 2010년 논문에 실었던 그 고가수조를 다시 만났다(사진 4). 13년 만이다. 고가수조에 그려진 것은 이 지역 특산물로서의 마늘을 들고 서 있는 여인 벽화다. 추억은 여전히 생생한데 벽화는 지나간 세월만큼 바랬다. 왠지 애잔하다. 그분을 향한 내 마음은 세월이 가도 변하지 않기를 기도한다.

봄이 오는 푸른 바람의 섬, 가파도 청보리 밭길에서 쓴 시

3월이 오면 본토로 돌아가야 한다. 지난해 봄과 여름에 며칠씩 머문 제주섬에 딸린 섬이다. 바람도 푸른 파도가 부서지는 섬, 가파도를 찾았다. 해녀 사진가이자 가파도 어촌계장인 유용예 님과 지인인 KBS의 <인간극장>에 출연한 이재헌 플루티스트 부부 등 제주 살며 사귄 아름답고 귀한 사람들이 사는 가파도에 다시 갔다.

<u>사진 1</u>의 청보리 밭길 팻말 글씨처럼 완연한 봄이 이제 온다. 오순도순한 할머니 세 분이 청보리밭을 손질하셨다. 사람도 자연도 눈부시게 아름다운 섬이다. 우린 청보리 패 나가는 보리밭 사이로 난 길을 걸었다. 걷다가 사진 하다 좋아서 마주 보며 미소 지었다. 이 멋진 자연과 귀한 사람들과 헤어지기 전에 각자 카메라에 부지런히 그 아름다움들을 담았다.

사진 1. 가파도 밭길에서. 송악산, 산방산과 형제섬과 구름 덮인 한라산 고지대가 보인다. 2023년 2월 23일.

사진 2. 가파도 청보리밭에서 일하는 할머니들. 2023년 2월 23일.

사진 3. 가파도 청보리밭과 사진 하는 아내. 2023년 2월 23일.

사진 4. 바람도 푸른 가파도에서. 2023년 2월 23일.

3월에 제주를 떠나더라도 청보리 익을 늦봄에 다시 오자고 가파도를 떠나며 말했다. 아내는 가파도 노을 지는 바다를, 나는 황금보리밭을 카메라로 그려내고 싶다. 이날 밤 사랑하는 아내에게 바치는 시를 썼다. 아내가 놀라 말했다. "당신이 사진 하더니 이제 시도 쓰네!"

바람도 푸른 가파도에서

김만규

당신이 없었다면 바람도 푸른 가파도까지 어찌 왔겠습니까
당신이 있어 가파도 청보리 밭길을 걸었습니다

당신이 함께 있으므로 이렇게 아름다운 가파도를 걸었습니다
같이 사진 하며 함께 걷는 당신이라서 더 의지되어 가파도까지
왔습니다

바람은 세차도 이제 춥지 않습니다
당신이 있어서 내 인생은 언제나 봄날입니다

나도 그 섬에 가고 싶었다